Jan Boyd

RIESIGE MASCHINEN

Gigantische Transporter, Kräne und Baumaschinen

Die „bauma" ist die größte Baumaschinenmesse der Welt und findet alle drei Jahre in München statt. Im Bild der „T 282 B Muldenkipper" von Liebherr, er wurde bereits 2004 auf der „bauma" vorgestellt und sorgte seinerzeit schon für großes Aufsehen.

Autor: Jan Boyd, Berlin

Gesamtproducing: JUNG MEDIENPARTNER, Gesellschaft für Medienproduktion, Limburg

INHALT

Faszination Arbeitsmaschine 6

ERDE BEWEGEN 13

BelAZ 14
Caterpillar 16
Hitachi 26
Komatsu 30
LeTourneau 34
Sennebogen 38

HOCH HINAUS 41

Ballast Nedam 42
DEMAG 46
Das Tokio-Projekt 48
Ein Saurier von E-Crane 54
Maasvlakte 2 und der Blockbuster 56
Grove – auf sechs Achsen 58
Sieben Jahrzehnte Erfahrung 61
Shady Grove und Wilhelmshaven 62
Auf die Spitze getrieben 66
Heerema 68
Diener des Donnergotts 71
Schwimmkräne 72
Kalmar 74
Krøll – Riesen aus Dänemark 80
Krafttürme von Liebherr 82
Der zweitgrößte Gigant 86
Errichterschiffe 88
Einsatz im DanTysk Windpark 92
Mobil im Hafen 96
Terex – Das große Heben 98

WOHIN DAMIT – WOMIT DAHIN? 100

BelAZ 103
Caterpillar 107
Euclid 116
Hitachi 118
Komatsu 120
Giganten von Liebherr 126

SCHWERE LADUNG 131

Goldhofer 132
Kamag Industrie-Transporter 136
Mack 140
Marion Power Shovel 143
Scheuerle 146

MIT DEM BOHRKOPF DURCH DIE WAND 152

Herrenknecht 154
Herrenknecht am Gotthard-Tunnel 156
Hitachi Zosen 160

DIE MARMOR, STEIN UND EISEN BRECHEN 164

AEG DEMAG 166
Absetzer und Bandschleifenwagen 168
Bucyrus International 170
Seilbagger und Hochlöffel 172
Hitachi 174
Krupp und Kohle 176
Sandvik 178
TAKRAF 180
TAKRAF in Magdeburg 182

Register 191
Bildnachweis 192

Schaufelradbagger im Braunkohlebergbau (siehe auch Seiten 164 ff.)

FASZINATION ARBEITSMASCHINE

Bewegliche Arbeitsmaschinen gehören zu den faszinierendsten Erzeugnissen menschlicher Ingenieurskunst. Nicht umsonst haben Treffen von Freunden des Ackerschleppers, des Mobilkrans oder des Muldenkippers großen Zulauf, ganz gleich, ob es sich um Traditionstreffen oder aktuelle Fachmessen handelt. Arbeitsmaschinen leisten, was wir selbst und allein nicht zu leisten vermögen. Heben, was keiner heben kann. Tiefer graben, als je einer grub. Berge versetzen und Berge untertunneln. Arbeitsmaschinen dabei zu beobachten, verwandelt unsere gefühlte Ohnmacht in eine Fantasie der Allmacht.

Ruston-Bucyrus-Dampfbagger (linke Seite)

BEWEGLICHE MASCHINEN

Die menschliche Armspanne liegt bei 150 bis 200 Zentimetern. In dieser Spanne bewegt sich auch die Durchschnittsgröße der Menschen. Das ist leider zu wenig, um Pyramiden zu bauen. Der Mensch ist ein bisschen klein geraten für die Projekte, die er sich vorzunehmen pflegt. Da es aber offenbar ein unstillbares Bedürfnis des Menschen ist, Pyramiden zu bauen – weshalb hätte er sonst schon vor viereinhalbtausend Jahren mit diesem Irrsinn angefangen? – oder Flughäfen oder Brücken über den Großen Belt, musste er sich etwas einfallen lassen.

Kurioserweise wissen wir bis heute nicht ganz genau, was beispielsweise die Ägypter sich konkret einfallen ließen, um die tonnenschweren Steinblöcke aufeinanderzuschichten. Noch weniger wissen wir über die Jäger und Sammler, die 8000 Jahre vor den Ägyptern in Südostanatolien, beim heutigen Göbekli Tepe, mehrere Steinkreise errichteten, die über Jahrhunderte als Heiligtum genutzt wurden. Die nicht sesshaften Gemeinschaften des Neolithikums hatten nicht nur Werkzeuge und Techniken entwickelt, plastische Bildwerke zu schaffen, sondern sie waren auch in der Lage, sechs Meter hohe Stelen von bis zu 20 Tonnen Gewicht zu transportieren und in Kreisen aufzustellen. Auch wenn man die Werkzeuge selbst nicht rekonstruieren kann, mit denen diese Leistungen vollbracht wurden, kann man mittelbar darauf schließen, dass Werkzeuge und technische Hilfsmittel erforderlich waren.

Heute ist man sich nicht mehr sicher, ob die Rampe das einzige Mittel der vorantiken Ingenieure war, um große Lasten nach oben zu befördern. Belegt ist hingegen, dass in der griechischen und römischen Antike kranartige Konstruktionen häufig eingesetzt wurden. Nach dem Ende des Weströmischen Reiches gerieten zahlreiche Erfindungen der römischen Bauingenieure in Vergessenheit und kamen daher außer Gebrauch.

Darstellung eines französischen Krans aus der Mitte des 18. Jahrhunderts

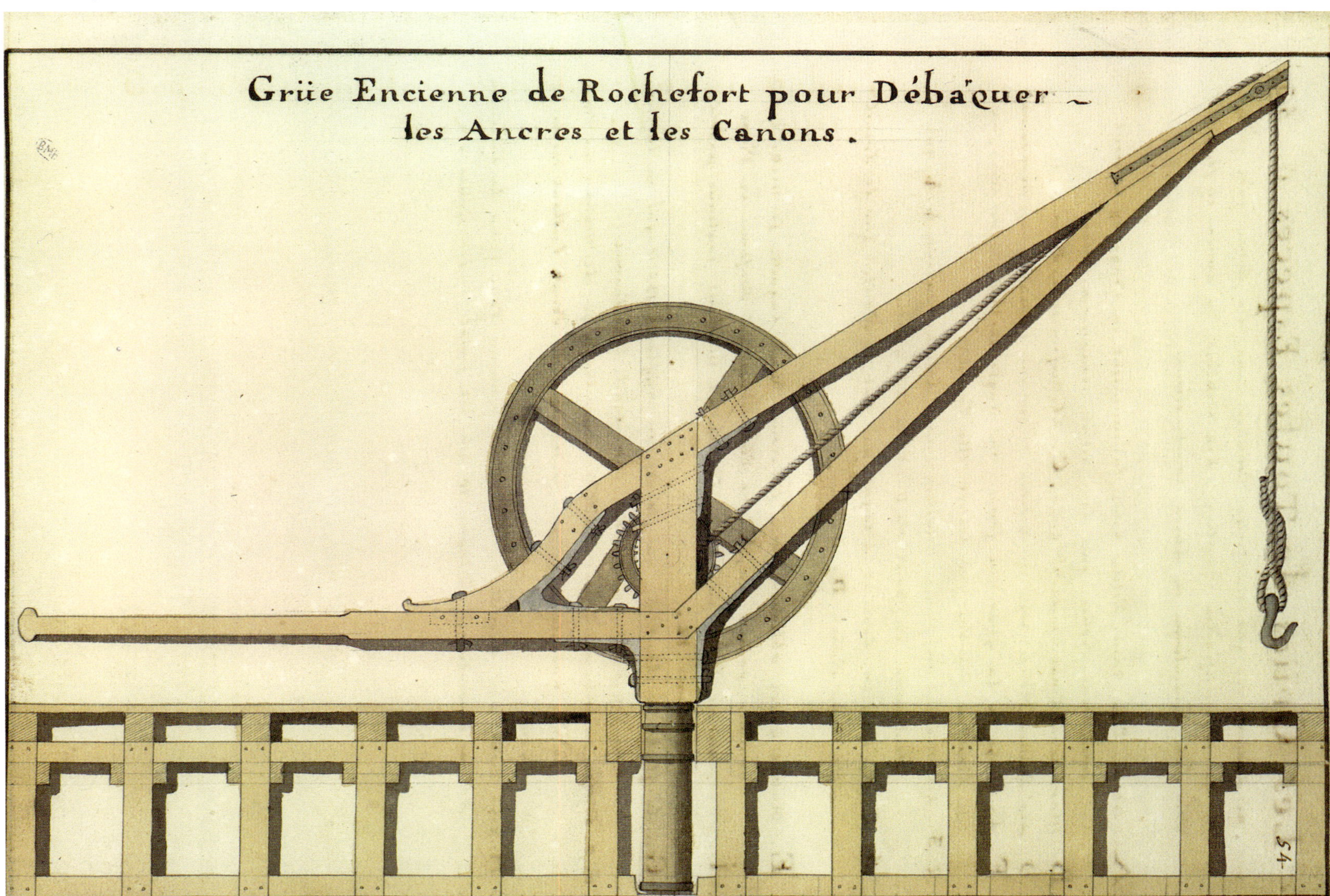

Erst nach Jahrhunderten erinnerte man sich wieder ihrer Prinzipien – oder erfand sie neu. Führend waren dabei die Städte, namentlich die Hansestädte, die in lebhaftem Austausch mit anderen Kommunen standen. Nicht nur Waren wurden ausgetauscht, sondern auch Informationen und Technologien. In den Handelsstädten entstand das Bedürfnis, Krantechnik zum Beladen von Wagen und Schiffen zu nutzen. Im 15. Jahrhundert kamen sogar schon die ersten Schwimmkräne auf.

Dass man Maschinen zur Erdbewegung verwenden konnte, setzte einerseits einen Bedarf, andererseits einen Antrieb voraus. Konnte man Krane auch mittels eines Systems von Seilzügen noch sinnvoll mit Muskelkraft bewegen, musste man sich bei Erdbewegungs- und Bergbaumaschinen nach einer zusätzlichen Kraftquelle umsehen. Bedarf bestand zunächst in Bergwerken, wo vor allem Fördermaschinen verschiedenster Art seit dem Mittelalter im Gebrauch waren, sodann Hammer- und Schöpfwerke, die mit einer Kraft angetrieben wurden, mit denen man beim Bergbau allerorten zu tun hat: Wasser. Pferdegöpel und Tretmühlen betrieben Fördermaschinen und Pumpen. Dabei blieb es im Wesentlichen bis zur Wende vom 18. zum 19. Jahrhundert.

Eine wirkliche Revolution der Antriebstechnik brachte aber erst die Einführung der Dampfkraft in die Maschinentechnik. Die industrielle Revolution, die von England ausging, wälzte das Maschinenwesen um. Auf einmal ging alles ganz schnell. Eisenbahnen waren dampfgetrieben, stationäre Maschinen ebenso. Eisen und Stahl verdrängten Holz und Stein. Bewegliche Maschinen vereinnahmten die Dampfkraft als Antrieb, soweit es irgend ging. Und es ging ganz gut bei großen Baumaschinen wie beispielsweise Straßenwalzen – im deutschen Wort „Dampfwalze" hat sich die Antriebskraft eingeprägt und im Begriff länger überlebt als die Dampfmaschine als Antriebsaggregat von Baumaschinen. Und es funktionierte bei Baggern. Angeblich hatte Leonardo da Vinci (1452–1519), dem man alle möglichen Erfindungen zuschreibt, auch um 1500 schon den mechanischen Bagger erfunden. In der Tat: Florenz wollte 1503 Pisa erobern; da sich die Belagerung der Stadt hinzog, wollten die Florentiner den Arno umleiten und die Pisaner austrocknen. Da der Umleitungskanal in Handarbeit nicht zu schaffen war, skizzierte Leonardo einen mechanischen Schaufelbagger, der von einem Tretrad angetrieben werden sollte. Gebaut wurde das Gerät nie. Und ob es funktioniert hätte, ist ungewiss. Immerhin war Leonard vorausschauend genug, sich das Bewegen von Erdmassen als Maschinenarbeit überhaupt vorzustellen. Auch einen Bagger musste man zunächst einmal denken, bevor man ihn bauen konnte. Die Realisierung des Baggers als (dampfgetriebene) Maschine musste noch drei Jahrhunderte warten. 1835 erfand ein 22-jähriger Amerikaner, William S. Otis (1813–1839), einen Dampfbagger, der ein Jahr später gebaut wurde und für den er im Februar 1839 unter der Nummer 1089 das Patent auf einen sogenannten „Crane-Excavator for Excavating and Removing Earth" erhielt. Der Hochlöffelbagger von Otis fuhr auf Schienen. Der Ausleger und der Löffel wurden anfangs von Ketten betätigt, später ersetzte man die Ketten durch Stahlseile. Zwar war die Beweglichkeit des Auslegers noch sehr eingeschränkt, aber dennoch war die Produktivität des Geräts mit einem Schaufelvolumen von mehr als 1 m^3 schon beachtlich. Je nach Einsatzort konnte er 60 bis 80 Arbeiter mit Hacke und Schaufel ersetzen.

Für Dampfbagger sollte es bald interessante Anwendungsgebiete geben. Nicht nur die großen Erz- und Kohleminen, die im Tagebau erschlossen werden konnten, bedurften starker Arbeitsmaschinen. Infrastrukturprojekte – wie man heute sagen würde – schienen nur auf die Erfindung von

Ein Seilbagger belädt eine Grubenbahn in einer chilenischen Mine, 1927.

Dampfbaggern gewartet zu haben. Auch Projekte, die ohne das Vorhandensein von Baggermaschinen nichts als geistige Luftschlösser geblieben wären, befanden sich nun in der Nähe des Machbaren. In Frankreich entwickelte der Bauunternehmer Alphonse Couvreux (1820–1890) einen Eimerkettenbagger, der 1859 vorgestellt und schon ein Jahr später beim Eisenbahnbau eingesetzt wurde. Sieben dieser Bagger begannen ihre Arbeit beim Bau des Sueskanals. Das Prinzip der Eimerkette wird bis heute bei Großbaggern – zum Beispiel in Braunkohletagebauen – angewendet. Auch die Arbeit am Panamakanal konnte man erst dann wieder mit Aussicht auf Erfolg aufnehmen, als Dampfbagger (zum Beispiel von Bucyrus) in ausreichender Zahl zur Verfügung standen.

Anfangs wirkten die baggernden Dampfmaschinen etwas unbeholfen. Vor allem die Beweglichkeit des Schaufelauslegers ließ zu wünschen übrig. Wie man auf der französischen Darstellung eines Dampfbaggers im Bergbau erkennen kann, versuchte man, dem Problem mit einem Drehteller beizukommen, der mit Kettenzügen angesteuert wurde. Der erste Bagger, der seine Schaufel um 360 Grad schwenken konnte, wurde 1884 in England gebaut – und diese Erfindung wirkte durchaus nicht so überzeugend, dass sie auf der Stelle überall begeistert aufgenommen worden wäre.

Die Beweglichkeit des Baggers insgesamt wurde zum Hauptproblem der Entwicklungsingenieure, zumal die Bagger – besonders in den USA – zusammen mit ihren Aufgaben immer größer und schwerer wurden. Radfahrwerke versagten insbesondere auf weichem Gelände; man muss dabei bedenken, dass es Reifen im heutigen Sinne (und in heutiger Qualität) noch nicht gab. Versuche mit stählernen Gleisketten wurden um 1900 unternommen; über 100 Patente zu Raupenfahrzeugen waren bereits angemeldet, aber bei der praktischen Umsetzung versagten sie alle im Gelände. Der Amerikaner Benjamin Holt (1849–1920) hingegen hatte ein glückliches Händchen, als er nach einer Studienreise durch Großbritannien einen seiner Traktoren umbaute, ihm statt der großen Hinterräder zwei Kettenschiffe mit kontinuierlich laufenden Gleisketten spendierte und dieses neuartige Gefährt am 24. November 1904 erfolgreich vorführte. Das Fahrwerk bewege sich ja wie eine Raupe vorwärts, meinten die Zeitgenossen. Der Raupenschlepper war geboren und Benjamin Holt wurde einer der Gründer des heute erfolgreichsten und größten Baumaschinenherstellers: Caterpillar (was nichts anderes heißt als „Raupe").

Für die ganz schweren Jungs unter den Baggern waren aber selbst Kettenfahrwerke nicht mehr geeignet. Auf sehr weichem Untergrund sanken auch die Raupenketten ein oder fraßen sich fest. Darum entwickelte man das Prinzip des Schreitbaggers (unter dem man heute auch noch etwas anderes versteht, nämlich einen kleineren Baggertyp, der sich auf Beinen oder Stelzen fortbewegt und in schwierigem Gelände eingesetzt wird). Die großen Seilbagger, die eigentlich Standbagger sind, weil sie die meisten Arbeitsvorgänge in feststehender Position ausführen, ruhen auf einer Grundplatte, auf der sich ein Drehkranz befinden

Dampfbagger im Bergbau, französische Darstellung aus dem Jahr 1871.

kann, mit dem der Oberwagen um 360 Grad geschwenkt werden kann. Daneben besitzen sie ein sogenanntes Schreitwerk, kurze Beine (oder breite Pontonfüße), die den Bagger kurz anheben, einen Schritt ausführen und den Bagger danach wieder absetzen. So bewegt sich der Bagger stets nur gemessenen Schrittes. Sagt man heute über einen Mann, er bewege sich mit der Grazie eines Schreitbaggers, ist das nicht unbedingt als Kompliment gemeint. Nach und und nach profitierten fast alle Baumaschinentypen von der gelungenen Konstruktion Benjamin Holts. Bald fuhren Planiergeräte, Bagger, mobile Krane, sogar Muldenkipper, die in besonders schwierigem Gelände oder in der Arktisregion eingesetzt werden sollten, auf Raupen. Bald

Marion 7520, ein großer Seilbagger, der als Schreitbagger ausgelegt ist (sogenannter „Walking Dragline"). Das Schreitwerk an der rechten Seite ist gut zu erkennen.

nach Einführung der Raupenfahrwerke hatte auch die Dampfmaschine als Antrieb ausgedient. Benzin- und Dieselmotoren übernahmen diese Rolle; sie konnten kleiner und leichter sein als die Dampfmaschinen, sie konnten aber auch wesentlich größer und leistungsfähiger sein. Und wo die Maschinen noch gigantischer wurden, wie bei den Tagebaugroßgeräten, übernahmen Elektromotoren den Antrieb. Sie bezogen ihre Energie entweder über eine Hochspannungsleitung direkt vom Kraftwerk oder führten ihr eigenes Kraftwerk mit sich: in Form von Dieselaggregaten, die Generatoren antrieben, die wiederum Strom für die Fahr- und Arbeitsmotoren lieferten. Viele Muldenkipper der Ultraklasse greifen auf dieses Antriebskonzept zurück.

Neue Aufgaben warteten auf die großen beweglichen Arbeitsmaschinen. Riesige Schwimmkräne setzten vom Wasser aus Brücken zusammen. Harmlos aussehende Achslinien schlossen sich, wie ein Maschinenschwarm, zu komplexen Plattformen zusammen und trugen komplette Ölbohrplattformen, Flüssiggaserzeuger oder Meerwasserentsalzungsanlagen auf ihren Rücken. Tunnelbohrmaschinen wühlten sich nicht nur durch den Untergrund großer Städte, um neue U-Bahn- und Straßentunnel zu schaffen, sie gruben auch den längsten Eisenbahntunnel der Welt unter dem Gotthard-Massiv in den Schweizer Alpen. Die Utopie eines Atlantiktunnels zwischen Amerika und Europa, die Bernhard Kellermann 1913 in seinem Roman „Der Tunnel“ ausgebreitet hatte, ist heute – zumindest aus technischer Sicht – viel weniger utopisch als vor 100 Jahren.

Heute sehen wir Bau- und Arbeitsmaschinen in einer Vielfalt und in Dimensionen, wie wir sie uns vor einigen Jahrzehnten noch nicht vorstellen konnten. Genauso wenig können wir uns heute die Maschinen vorstellen, die in zwanzig oder dreißig Jahren unseren Weg kreuzen werden.

Technologien veralten schon in dem Moment, in dem sie angewendet werden. Aber die Faszination, die diese Maschinen auf uns ausüben – die gelungenen Lösungen ebenso wie der grandiosen Irrwege und Fehlschläge –, diese Faszination bleibt wahrscheinlich immer bestehen.

Der Montagekran des früheren VEB Kranbau Eberswalde – genannt Montage-Eber – diente einst als Werkzeug zum Zusammenbau der Produkte der Fabrik. Heute ist der Turmwippdrehkran zugleich technisches Denkmal, Werbeträger und Aussichtsplattform. Das Gerät wurde 1954 gebaut und ist 57 Meter hoch. Die begehbare Aussichtsplattform, von der aus man einen beeindruckenden Rundblick über das Finowtal hat, befindet sich in 28 Meter Höhe.

ERDE BEWEGEN

Leider gibt es für das schöne englische Wort „Earthmover" keine vergleichsweise griffige Übersetzung. Was immer gräbt, schaufelt, schürft, aufreißt, glättet, verlädt und verteilt – für alle Tätigkeiten, die Erdreich bewegen, hat menschliches Ingenieurwissen eine Vielzahl unterschiedlicher Werkzeuge bereitgestellt. Einige von ihnen sind mit ihren Aufgaben zu wahrhaft gigantischen Maschinen herangewachsen.

BELAZ

Das Unternehmen BelAZ (Beloruski automobilny sawod, deutsch Weißrussisches Automobilwerk) gehört seit Jahrzehnten zu den größten – auch im Ausland bekannten – Fahrzeugherstellern in Weißrussland. In der Sowjetunion wurde das Unternehmen als Hersteller von Baumaschinen 1948 gegründet. Bis heute bilden schwere Baustellen- und Bergbaukipper den Kern des Produktionsprofils. Außerdem ergänzen schwere Radlader, Betonmischer und Flugzeugschlepper das Portfolio.

BelAZ 78221 mit seiner fast vier Meter breiten Schaufel: Maximal 10 Tonnen Last hebt der Radlader innerhalb von 8,5 Sekunden.

BELAZ 78221

Der BelAZ-Radlader 78221 ist eine zuverlässige Maschine der 10-Tonnen-Klasse. Er ist eine Weiterentwicklung des ansonsten weitgehend baugleichen Grundmodells 7822. Der neue Motor vom Typ KTA 19 C von Cummins bringt aber fast 50 kW mehr Leistung.

Konzipiert wurde der Lader vor allem für Ladearbeiten von Schüttgütern an offenen Gruben, aber auch an Bahnhöfen oder in Fabriken sowie als Tagebau-Lader. Sein Design wurde für die Beladung von Muldenkippern mit einer Nutzlast von bis zu 60 Tonnen optimiert. Aber selbstverständlich bewährte sich die Maschine auch beim Beladen von offenen Güterwagen, von Dumpern und anderen Fahrzeugen. Mit einer Länge von 11.640 mm, einer Breite von 3900 mm und einer Höhe von 4150 mm ist der BelAZ-Radlader sehr beweglich; die ca. 9 Meter Wendekreis sprechen bei einem über 11 Meter langen Fahrzeug für sich.

BelAZ-Produkte sind nicht nur im Heimatland beliebt, sie bewähren sich auch auf Exportmärkten wie beispielsweise in Südamerika.

Typ/Hersteller:	BelAZ 78221
Leistung:	360 kW
Gesamtmasse:	64 t
Ladehöhe:	4050 mm
Fassungsvermögen der Schaufel:	6 m^3, 10 t
Wendekreis:	9,1 m
Geschwindigkeit (vor-/rückwärts):	38/25 km/h
Antrieb:	Allrad (4 x 4)

CATERPILLAR

Caterpillar gilt als der weltgrößte Hersteller von Baumaschinen. Das Unternehmen, das – ähnlich wie im Deutschen – seinen Namen vom Kettenlaufwerk, der sogenannten Raupe, ableitet, entstand 1925 aus der Fusion zweier Traktorenbauer, die als Pioniere des Kettenlaufwerks den Ruf des Unternehmens begründeten. Hauptsitz des Unternehmens ist Peoria in Illinois (USA). Dank der Übernahme von Bucyrus International ist Caterpillar auch bei Bergbaumaschinen führend.

Auf Baustellen und im Bergbau zu Hause: Caterpillar 5130B (linke Seite) und Caterpillar 5230 (rechte Seite)

CAT 5130B & 5320 B

Der große Vorteil, den ein Hersteller wie Caterpillar aufzuweisen hat, ist, dass er die einzelnen Komponenten seines Baumaschinensortiments aufeinander abstimmen kann. Die Bagger der Baureihe 5130 waren speziell dafür konfiguriert, die Muldenkipper vom Typ 777 zu „bedienen“. Sie arbeiten aber auch mit anderen Muldenkippern der Klasse 60 bis 90 Tonnen hervorragend zusammen, wie den Fahrzeugen der Baureihen 773 und 775.

Der Bagger ist in den Konfigurationen „Front Shovel“ (deutsch Hochlöffel) oder „Backhoe“ (deutsch Tieflöffel) einsetzbar. Damit bezeichnet man üblicherweise nicht die Position der Schaufel am Bagger, sondern ihre Arbeitsrichtung. Dank einer Spurweite von 5370 mm arbeitet der Bagger äußerst stabil mit hohen Lasten. Das weitgehend wartungsfreie Kettenlaufwerk nutzt die Eigenschaften des Königstigers unter den Planierraupen, des CAT D 11. Dies ist ein weiterer Vorzug eines Herstellers mit breitem Produktsortiment.

Typ/Hersteller:	Caterpillar 5130 B
Leistung:	597 kW
Einsatzmasse:	181 t
Höhe (Kabinendach):	6550 mm
Fassungsvermögen der Schaufel:	11 m³ (Hochlöffel) 18 m³ (Tieflöffel)
max. Schnitthöhe:	13.450 mm
max. Grabtiefe:	3200 mm
max. Geschwindigkeit:	3,3 km/h

CAT 988 & 990

Seit 1963 hat das Modell 988 des Radladers von Caterpillar mehr Kunden zufriedengestellt als jedes andere Modell gleich welchen Herstellers in dieser Größenklasse. In diesem halben Jahrhundert hat der Hersteller das Modell beständig weiterentwickelt (gegenwärtig wird es in der Version K angeboten). Das kam nicht nur der Nettoleistung der Maschine zugute, sondern betraf vor allem auch das Verhältnis von Energieeinsatz und Leistung, das man vor 50 Jahren noch weit entspannter angegangen ist. Heute ist es ein entscheidendes Verkaufsargument, wenn man mehr Material zu geringeren Kosten bewegen kann. So ist es den Ingenieuren gelungen, durch Einführung einer automatischen Drehzahlregulierung des Motors den Kraftstoffverbrauch beim Modell K gegenüber dem Vorgängermodell H um 20 Prozent zu senken. Nicht zuletzt wurde dafür gesorgt, dass die Maschinen die anspruchsvollen Abgasnormen einhalten können.
Das Design der Hebearme erlaubt dem Maschinenführer eine gute Sicht auf die Schaufelkanten und den gesamten Arbeitsbereich. Hohe Lastspannungen werden von massiven Stahlhebearmen absorbiert. Der Einsatz von homogenen Gussteilen an Schlüsselstellen soll für eine längere Lebensdauer und einen geringeren Wartungsaufwand sorgen. Dafür stehen im Übrigen alle Teile des Systems, denn der 988 soll möglichst wartungsarm mehrere Lebenszyklen überstehen. Der verwindungssteife Kastenrahmen widersteht auch heftigen Drehkräften; die Achsaufhängung wurde für eine erhöhte strukturelle Integrität optimiert. Theoretisch könnte die Maschine mit 38 km/h vorwärts und mit 25 km/h rückwärts fahren, was sie aber in den seltensten Fällen wirklich muss. Der Motor mit 373 kW Leistung lässt bei ca. 50 Tonnen Eigenmasse eine Nutzlast von 11,4 Tonnen zu, die in einem Hydraulikzyklus von ganzen 16 Sekunden bewegt werden.

Die „Hintertreppe" zum Radlader 988 K

Mit dem schweren Radlader 990 stellt Caterpillar eine Maschine für zahlreiche Anwendungen zur Verfügung. Sie gehen weit über den Baustellenbetrieb im engeren Sinne hinaus. So liefert der Hersteller auch Ausführungen für Stahlwerke und für Sägewerke (Letztere mit kompakter Zange anstelle der Schaufel). Auch dieser Lader wurde für die Beschickung der Muldenkipper Typ 773, 775 und 777 (mit einem speziellen High-Lift-Hubrahmen) optimiert. Außer der großen Schaufel mit 10 Kubikmetern Kapazität bietet man aber auch die kleinere Schaufel mit 8,6 Kubikmetern an.

Beim Modell K neu gestaltet wurde auch die Kabine. Sie schützt den Fahrer vor Lärmbelastung. Der Schallpegel der Maschine beträgt draußen 115 Dezibel; innerhalb der Kabine nur noch 70 Dezibel. Der Maschinenführer darf sich über einen ergonomischen Fahrersitz mit integrierten Steuerkonsolen freuen. Aufgerüstet wurde aber auch die Elektronik. Das Modell K verfügt über ein Kamera-Monitor-System (der Hersteller nennt es „Cat Vision"). Damit kann der Maschinenführer auch das Heck des Gerätes im Blick behalten. Wer es noch genauer wissen will, kann eine Radar-Objekterkennung ordern, die den Maschinenführer auf Hindernisse (oder eben Personen) hinter dem Lader aufmerksam macht. Damit soll die Arbeitssicherheit erhöht werden.

Weiter verbessert hat sich mit dem Update des 990 zur Version K auch die Wartungsfreundlichkeit. In Bodennähe gibt es ein zentrales Servicepaneel, das diverse Diagnosestecker, Kontrollinstrumente für die Füllstände der Betriebsstoffe sowie Einfüll- und Ablassanschlüsse enthält. Schalter für die Treppenbeleuchtung, für das Abstellen des Motors sowie die Sperren für Getriebe und Starter sind in einem separaten Fach untergebracht. Davon wiederum separiert ist der Batteriehauptschalter.

CAT 990 beim Beladen eines Muldenkippers. Die Mulde des CAT 775 wird mit vier Ladespielen des Radladers komplett gefüllt – perfektes Teamwork.

Typ/Hersteller:	Caterpillar 990 K
Motor:	C27 MEUI ACERT
Getriebe:	3 Vorwärtsgänge + 3 Rückwärtsgänge
Leistung:	521 kW
max. Abwurfhöhe:	4172 mm
Bodenfreiheit:	478 mm
Zuladung	8,6 m^3, 16 t
Fassungsvermögen der Schaufel	8,6 m^3
Eigenmasse:	81 t
Maße: (L x B x H in mm):	12.555 x 4183 x 5070
Radstand:	4600 mm
Wendekreis:	10.253 mm
Höchstgeschwindigkeit (vor-/rückwärts):	22,4 km/h 28,4 km/h

Ein seltener Anblick: der Radlader CAT 988 auf einem Parkplatz, bestaunt und besichtigt von Besuchern, deren Anwesenheit die Dimension der Maschine deutlich macht.

CAT 991, 992 & 994

Seit 1968 wird der Radlader 992 von Caterpillar angeboten, mittlerweile wird die Modellreihe K vertrieben. Die Maschine war, wie der selten gewordene Lader 991 für die Muldenkipper der Baureihen 775 und 777, von Caterpillar optimiert. Das Modell 992 G hatte einen Motor, der 597 kW leistete. Die Länge (bei am Boden liegender Schaufel) betrug 15.585 mm, die Breite über die Reifen 4516 mm und die Höhe bis zum Kabinendach 5590 mm. Die Einsatzmasse der Maschine lag bei knapp 95 Tonnen. Die Schaufeltypen fassten zwischen 10,7 und 12,3 Kubikmeter gehäuftes Material. Im Lauf der Weiterentwicklung wurden alle Verbesserungen, die neu entwickelten Geräten entsprangen, auch beim „Alttyp“ 992 umgesetzt – insbesondere die Effizienz, die Sicherheit und die Geräuschdämmung betreffend. Der gesamte hydraulische Ladezyklus vollzog sich in 15 Sekunden.

Typ/Hersteller:	Caterpillar 994K
Motor:	Cat 3516E HD EUI
Getriebe:	3 Vorwärtsgänge + 3 Rückwärtsgänge
Leistung:	1297 kW
Hubraum:	79.886 m^3
Bodenfreiheit:	898 mm
Zuladung:	39,7 m^3, 41 t
Eigenmasse:	240 t
Maße (L x H in mm):	17.860 x 7118
Tankfüllung (24h-Ausstattung):	5678 l
Dauer des kompletten Ladezyklus:	23,5 s
Höchstgeschwindigkeit (vor-/rückwärts):	24,5 km/h 27,0 km/h

Muldenkipper 775 empfängt Ladung vom Radlader 991K, einem seltenen Modell.

Radlader 992G belädt Muldenkipper 777C.

CAT 994K belädt einen CAT 793F. Um die Mulde dieses Riesenkippers zu füllen, braucht der 994K nur sechs Ladevorgänge.

Der schwere Radlader 994 wurde 1990 erstmals von Caterpillar ausgeliefert. Er hat sich als größte CAT-Maschine dieser Klasse etabliert. Seine Schaufel fasst so viel Material, dass man damit einen „normalen" mittleren Lkw wahrscheinlich vollständig zuschütten könnte. Versucht hat das noch keiner. Und vielleicht würde von einem Fünftonner auch das Fahrerhaus noch aus dem Kohlehaufen herauslugen. 40 Kubikmeter Volumen sind jedenfalls eine ganz schöne Menge Kohle.

Auch der 994 pflegt seine Wahlverwandtschaft mit Muldenkippern aus dem Hause Caterpillar, in seinem Fall zu den ganz Großen der Szene – zur Klasse 150 bis 250 Tonnen. In der Standardkonfiguration belädt ein Modell H den CAT 785 in vier Schwenks, den CAT 789 in fünf und mit dem High-Lift-Rahmen das derzeitige Spitzenmodell CAT 793 mit gerade einmal sechs Ladevorgängen.

Mit gutem Recht könnte das Modell K, das ab Anfang 2016 überall angeboten wird, auch 995 heißen, denn es ist gegenüber dem Vorgänger 994 H tatsächlich eine neue Größenklasse. Auch die Einsatzbereiche haben sich erweitert. So kann mit entsprechenden Kühl- und Klimasystemen bei Temperaturen von 50 °C und mehr dauerhaft gearbeitet werden. Der Kraftstofftank wurde so vergrößert, dass der Inhalt ausreicht, um den Lader 24 Stunden ohne Nachtanken zu betreiben. Die Kabine entspricht neuesten Standards; der Maschinenführer ist durch Vierpunktgurte gesichert. Spiegel, Kamera und Monitore sind ebenso verbessert worden wie die Geräuschdämmung. Der Motorölwechsel wird frühestens nach 500 Betriebsstunden erforderlich. Alle Routinewartungspunkte sind leicht von der linken Seite des Laders zugänglich. Sogar am Winkel der Treppe wurde gefeilt, um den Zugang für den Maschinenführer zu erleichtern.

HITACHI

Das japanische Unternehmen Hitachi entstand 1910 als kleine Werkstatt für Elektroartikel. Über die Fertigung kleiner Elektromotoren stieß man zum Bau von Wasserturbinen vor und 1924 verließ die erste Elektrolokomotive die Werkhallen. Hitachi war ein Kind der stürmischen Industrialisierung Japans und zugleich einer der Motoren dieser Entwicklung. Ins Baumaschinengeschäft kam Hitachi erst 1986–88 über Joint Ventures mit Fiat und John Deere und die Akquisition eines Anteils am indischen Baumaschinenhersteller Telcon.

Seit 2009 baut Hitachi den Mining-Bagger EX 1200. Er ist in dieser Kategorie einer der kleinsten Riesen und bewährt sich auch auf Großbaustellen oder im Betrieb in Steinbrüchen. Auch bei den Arbeiten im ufernahen Bereich von Flüssen ist er schon gesehen worden.

Die moderne Kabine ist schockabsorbierend gelagert und geräuschdämmend ausgeführt. Der Sitz des Maschinenführers gleicht einem komfortablen Bürostuhl, die Bedienelemente erinnern an ein modernes Glascockpit. Selbst an einen Getränkehalter für den Maschinenführer haben die Ingenieure gedacht. Das Kabinendesign, die Steuerung und der Monitor des Bedieners stammen aus der Zaxis-Baureihe der Baustellen-Bagger dritter Generation. Der Hauptrahmen, das Fahr- und Schwenkwerk sowie der modulare Aufbau des Motorraums sind Eigenentwicklungen der Bergbau-Abteilung von Hitachi.

Hitachis Minen- und Steinbruchbagger sind für ihre herausragende Qualität und innovative technische Lösungen bekannt.

Ein EX 1200 von Hitachi belädt einen Knickgelenk-Kipper CAT 740.

HITACHI EX 1200

Typ/Hersteller:	Hitachi EX 1200
Leistung:	552 kW
Einsatzmasse:	113 t
Höhe (Kabinendach):	4350 mm
Fassungsvermögen der Schaufel:	5,2–6,7 m^3
max. Schnitthöhe:	12.410 mm
max Grabtiefe:	8050 mm

HITACHI

Die Großbagger von Hitachi sind in Leistungs- und Gewichtsklassen von 40 bis 780 Tonnen abgestuft. Die Riesen der EX-Baureihe werden überwiegend im Bergbau eingesetzt. Die Kleineren unter den Großen gehören zur Baureihe ZX, die mittlerweile in der fünften Generation („Dash 5") angeboten werden. Der Hersteller legt ausdrücklich Wert auf die folgenden fünf Faktoren: Leistung, Produktivität, Komfort, Robustheit und Zuverlässigkeit. Diese Faktoren bewähren sich insbesondere im Dauerbetrieb.

HITACHI ZX 870

Der Bagger ZX 870 ist ein universell einsetzbarer 80-Tonner. Mittels eines neuen Hydrauliksystems ist es dem Maschinenführer möglich, den Bagger mühelos und sicher zu manövrieren. Komplexe Arbeitsvorgänge können schnell und mit flexiblen Reaktionen durchgeführt werden.

Um Abgasemissionen zu senken, Kraftstoffverschwendung zu vermeiden und den Geräuschpegel in der Kabine zu vermindern, verfügt der ZX 870 über eine automatische Motorabschaltung. Praktische Funktionen für die Routinewartung machen es dem Maschinenführer leicht, die Informationen über den Wartungszustand des Geräts effektiv zu verwalten.

Mit extralangen Auslegern werden ZX 870 auch immer wieder zu anspruchsvollen Abbrucharbeiten – zum Beispiel Autobahnbrücken und Hochhäuser – verwendet: etwa mit einem dreistufigen Teleskopabbruchausleger, der mit Betonschere oder Hydraulikhammer bis zu einer Arbeitshöhe von 50 Metern reicht.

Typ/Hersteller:	Hitachi ZX 870
Leistung:	397 kW
Einsatzmasse:	86 t
Höhe (Kabinendach):	3800 mm
Fassungsvermögen der Schaufel:	2,9–4,5 m^3
max. Schnitthöhe:	12.010 mm
max. Reichhöhe bei Abbruch:	50 m
max Grabtiefe:	7140 mm
max. Geschwindigkeit:	4,7 km/h

KOMATSU WA800 & WA900

KOMATSU

Komatsu ist ein japanischer Mischkonzern, zu dem weltweit 185 Unternehmen gehören. 1921 gegründet, war er lange Zeit nur in Asien präsent. Ende der 1980er-Jahre begann Komatsu mittels Joint Ventures und erfolgreichen Akquisitionen – Hanomag und die Hydraulikbaggersparte von Demag – ins Baumaschinengeschäft einzusteigen und in Europa und in den USA nennenswerte Marktanteile zu erobern. Heute ist Komatsu der zweitgrößte Baumaschinenhersteller der Welt und führend vor allem bei Großbaggern, Radladern und übergroßen Muldenkippern.

Typ/Hersteller:	Komatsu WA900-3
Motor:	Komatsu SAA 12V 140ZE-2
Leistung:	636 kW
Hubraum	30.500 cm^3
Fassungsvermögen der Schaufel:	13 m^3
max. Ladehöhe:	4715 mm
Bodenfreiheit:	550 mm
Radstand:	5450 mm
Maße (L x Bx H) in mm:	14.430 x 4584 x 5275 (über Kabine)
Fahrgeschwindigkeit (vor-/rückwärts):	28 km/h
Wendekreis:	11.065 mm

Radlader WA1200 – das Flaggschiff der Radladerflotte von Komatsu.

Besonders im Vergleich zu den Arbeitern, die mit dem Gerät umgehen, wird die außerordentliche Dimension des Radladers WA1200-3 deutlich. Er gehört zu den Größten seiner Klasse und man kann sich darüber streiten, ob ihm oder dem – mittlerweile von P&H gebauten – LeTourneau L-2350 der Weltmeistergürtel gebührt. Trotz seiner Größe erreicht er eine Geschwindigkeit von 23 km/h. Der Turbodieselmotor von Cummins erreicht seine 1163 kW Leistung bereits bei 1900 Umdrehungen; seine Kraft zapft der Motor aus gut 60 Litern Hubraum. Mit dem weiterentwickelten Typ „Dash 6“, der wieder auf einen Komatsu-Motor zurückgreift, entwickelt das Kraftpaket sogar 1316 kW. Mit einer Ausbrechkraft von 1275 kN ist die Schaufel – sie ist ca. sechseinhalb Meter breit – nahezu jedem Material gewachsen, das aufgenommen, gehoben und verladen werden muss.

Die Vorderradnabe des Radladers WA1200-3 ist deutlich über Augenhöhe der Arbeiter.

KOMATSU WA1200

Komatsu behauptet seit Jahren seine Marktposition bei Radladern. Im Jahr 2008 hatte das Flaggschiff der Komatsu-Radladerflotte Europa-Premiere. Zuvor war er schon in Australien, in den USA und in Japan selbst erfolgreich gewesen. Mit dem WA1200 präsentierte der japanische Konzern ein beeindruckendes Instrument für das Materialhandling, die Beladung von großen Muldenkippern (in der Klasse bis 300 Tonnen). Aus dem Hause Komatsu stehen, dafür als Teampartner die Muldenkipper 930 und 960 zur Verfügung.

Der WA1200 verfügt über Fahrgeschwindigkeits- und Antriebskraftbegrenzung, Reifenschlupfkontrolle, wahlweise automatische und manuelle Getriebeschaltung sowie Traktionskontrolle. Damit kann er maximale Produktivität bei maximaler Betriebssicherheit erreichen. Das ECMV-System (Electronic Control Modulation Valve) wählt abhängig von Last, Fahrgeschwindigkeit und Motordrehzahl automatisch den richtigen Gang. Das Lastschaltgetriebe verfügt über je drei Fahrstufen vorwärts und rückwärts. Die Geschwindigkeiten werden werkseitig mit 19,8 km/h (vorwärts) und 22,6 km/h (rückwärts) angegeben. Ein elektronischer „Tyre-safe-Sensor" (Reifendruckkontrollsystem) passt den Reifendruck und die Zugkraft an und verhindert Reifenschlupf; das sorgt für eine längere Lebensdauer der Reifen. Ein „Vehicle Health Monitoring System" (VHMS) überwacht die „Gesundheit" der Maschine und kontrolliert ständig alle kritischen Produktions-, Betriebs- und Wartungsdaten.

Mit dem Standardausleger kann ein Kipper der 200-Tonnen-Klasse mit sechs Ladevorgängen beschickt werden. Mit dem optional lieferbaren High-Lift-Ausleger, der eine geringfügig kleinere Schaufel führt, füllt der WA1200 einen Kipper der 300-Tonnen-Klasse mit acht Ladevorgängen. Eine Reihe von Sonderausstattungen (Schnellwechsler, Klimaanlage) sind optional.

Typ/Hersteller:	Komatsu WA1200
Motor:	Cummins QSK 60
Getriebe:	3 Gänge + 3 Rückwärtsgänge
Leistung:	1163 kW
Hubraum:	60.200 cm^3
Bodenfreiheit:	760 mm
Fassungsvermögen der Schaufel:	18–35 m^3 (Standard: 20 m^3)
Eigenmasse:	205 t
Maße (L x B x H in mm):	18.200 x 5710 x 6858 (über Kabine)
Radstand:	7100 mm
Tankinhalt:	5100 l
Fahrgeschwindigkeit (vor-/rückwärts):	19,8 km/h 22,6 km/h

Bequeme Stehhöhe: In der riesigen Schaufel des Radladers WA1200-3 hätten noch mehr als diese sechs großgewachsenen Herren Platz.

LETOURNEAU

Robert Gilmour LeTourneau (1888–1969) war ein amerikanischer Erfinder und Pionier der Baumaschinentechnik. Er gründete 1929 sein eigenes Unternehmen. Während des Zweiten Weltkriegs stammten 70 Prozent der militärisch eingesetzten Baumaschinen von LeTourneau Inc. Im Laufe seines Lebens sicherte er sich fast 300 Patente. Persönlich verzichtete LeTourneau auf jeden äußeren Glanz. In der Fachwelt bekannt als der „Dean of Earthmoving“, verbrachte er seine Zeit am liebsten am Reißbrett. 1994 erwarb die Rowan-Gruppe die Anteile von LeTourneau, 2011 übernahm Joy Global die Geschäfte des Unternehmens und gliederte die Fertigung in die Baumaschinen- und Bergbausparte ein, die unter der Traditionsmarke P&H firmiert. Unter diesem Logo wurde dann auch der Radlader L-2350 gebaut.

L-1850 beim Beladen eines CAT 793D

Der Radlader L-2350 wurde im Jahr 2000 auf der Fachmesse MINExpo 2000 zum ersten Mal der Öffentlichkeit vorgestellt. Bei den Dimensionen der Maschine, die im Guinnessbuch der Rekorde als Rekordhalter bei den Radladern geführt wird, ist es nur zu verständlich, dass man den L-2350 auf einer normalen innerstädtischen Baustelle eher selten antreffen wird. Er ist für das Beladen von Muldenkippern der 400-Tonnen-Klasse konzipiert worden, insofern wird er dort eingesetzt, wo auch diese Kipper verkehren: in offenen Minen, in Steinbrüchen und auf Großbaustellen.

Der L-2350 wird in zwei Motorisierungsvarianten angeboten: mit einem 65-Liter Detroit-Turbodiesel oder mit einem 60-Liter Cummins-Turbodiesel – beide mit etwa der gleichen Leistungsausbeute. Auf der MINExpo in Las Vegas 2012 wurde die zweite Generation dieses Riesenradladers vorgestellt. Ein neues Antriebssystem mit Energierückgewinnung ist die auffallendste Neuerung. Immer wenn die Maschine bremst, wird Energie in das Antriebssystem zurückgeführt. Auch an der Größe der Schaufel hat sich im Jahrzwölft nach der Premiere etwas getan. Die Schaufel ist auf ein Volumen von über 53 Kubikmetern angewachsen; sie befindet sich an einem extrem langen Hubgerüst, das speziell für die Kohleindustrie und das Beladen der größten Kipper konzipiert wurde.

Für Joy Global mit seiner umfangreichen Produktlinie an Bergbaumaschinen für Tief- und Tagebau scheint die Übernahme von LeTourneau, endgültig abgeschlossen im November 2011, gut zu passen. Denn ein Radlader – noch dazu dieser Dimension – war genau das, was dem Konzern zu den großen Seilbaggern seiner Marke P&H noch fehlte. Der L-2350 ist damit auch das größte Produkt geworden, das der Konzern gegenwärtig herstellt.

Typ/Hersteller:	LeTourneau L-2350
Motor:	Cummins QSK60, Turbolader mit Ladeluftkühlung
Getriebe:	3 Vorwärtsgänge + 3 Rückwärtsgänge
Leistung:	1715 kW
Hubraum:	45.000 cm^3
Bodenfreiheit:	500 mm
Fassungsvermögen der Schaufel:	40,5 m^3
Eigenmasse:	234 t
Maße (L x B x H in mm):	20.900 x 6760 x 6450 (über Kabine)
Radstand:	7880 mm
Fahrgeschwindigkeit (vor-/rückwärts):	17 km/h
Wendekreis:	20.920 mm

LETOURNEAU L-1850 & L-2350

Der Radlader LeTourneau L-2350 beim Einsatz in einer chilenischen Erzmine. Das Guinness-Buch der Rekorde führt diese Maschine als weltgrößten Radlader.

L-1850 im Einsatz

LeTourneau
419

Sennebogen 6180, universell einsetzbar, sowohl zu Lande als auch am Wasser

SENNEBOGEN

Sennebogen wurde 1952 vom damals 21-jährigen Erich Sennebogen (1931–2011) gegründet. Das Unternehmen wird heute in der zweiten Generation von den Söhnen des Gründers, Erich und Walter Sennebogen, geführt. Anfänglich auf die Produktion von Landmaschinen konzentriert, gehört es heute zu den führenden Unternehmen für Krantechnik und Materialumschlag. Der Hauptsitz der Firma befindet sich in Straubing. Weitere Produktionsstandorte gibt es in Wackersdorf und Balatonfüred (Ungarn). Mit eigenen Tochtergesellschaften ist Sennebogen in Singapur, Dubai, Charlotte (USA), Balatonfüred (Ungarn) und St. Petersburg (Russland) vertreten. Sennebogen produziert in kompletten Modellreihen Seilbagger, Kräne, Mobilkräne und Geräte für den Materialumschlag. Die Endmontage erfolgt an den beiden deutschen Standorten.

SENNEBOGEN 6180 & 680

Der große Vorzug der Sennebogen-Geräte ist ihre universelle Einsetzbarkeit. Das gleiche Grundgerät kann heben und baggern und als Piedestalgerät Verladearbeiten verrichten. Ein niederländischer Betreiber nennt den 6180 „ein beeindruckendes Stück Material", das seinen Spitznamen „The Beast" zu Recht trage. Lasten bis zu 200 Tonnen sind kein Problem, ebenso wie Baggerarbeiten mit einem Schaufelvolumen der Schleppschaufel von bis zu 6,5 Kubikmetern. Weitere Anwendungen: für Verrohrungsmaschinen und Bohrgreifer, für Schlitzwandgreifer bis max. 27 Tonnen Greifergewicht, für Bagger- und Umschlagarbeiten mit Zwei- und Mehrschalengreifern. Angetrieben wird der Bagger von einem Caterpillar Dieselmotor C 18 mit Direkteinspritzung. Die Einsatzmasse des Grundgeräts liegt bei ca. 170 Tonnen. Das wartungsfreie Traktorenlaufwerk B9 HD mit hydraulischer Kettenspannung erlaubt eine Fortbewegungsgeschwindigkeit von 1,2 km/h.

Typ/Hersteller:	Sennebogen 6180
Motorleistung:	708 kW
max. Traglast:	200 t
max. Hakenhöhe:	84 m
Winde:	2 x 250 kN 2 x 300 kN

Typ/Hersteller:	Sennebogen 680
Motorleistung:	354 kW
max. Traglast:	80 t
max. Hakenhöhe:	60 m
Winde:	2 x 160 kN 2 x 200 kN

Sennebogen 680

深田サルベージ建設株式会社
武蔵

HOCH HINAUS

Die Reichweite des menschlichen Arms ist beschränkt, die Armspanne des Menschen misst kaum zwei Meter. Zu wenig, um seine hochfliegenden Pläne zu verwirklichen. Lasten in Höhen zu heben, wo sie nicht hingehörten, aber wohin man sie haben wollte, Dinge zu verladen, ohne sie auf die Schulter zu nehmen: Dazu erfand man Kräne und Hebezeuge in mannigfacher Gestalt.

HLV SVANEN

BALLAST NEDAM

Der Schwimmkran Svanen wurde 1991 gebaut. Auftraggeber war die europäische Storebaelt-Gruppe. Der Schwimmkran wurde an der Westbrücke über den dänischen Großen Belt eingesetzt. Das niederländische Unternehmen Ballast Nedam war Koordinator des Joint Ventures, das verschiedene europäische Unternehmen für den Bau der Brücke über den Großen Belt gebildet hatten. Die niederländische Firma Gust Engineering entwarf den Svanen als selbstangetriebenen Schwimmkran in Katamaran-Bauweise. Gebaut wurde das Kranschiff auf der spanischen Astrano-Werft und komplettiert in den Niederlanden. 1994/95 wurde Svanen umgebaut, um 26 Meter erhöht und seine Kapazität auf 8700 Tonnen vergrößert. Außer großen Brücken (Öresundbrücke, Confederation Bridge in Kanada) wurden mit Svanen über 500 Komponenten für Windparks und andere Offshore-Anlagen installiert. Svanen ist allerdings auf gutes Wetter angewiesen. Bei Windgeschwindigkeiten über 15 m/s und bei mehr als einem Meter hohen Wellen müssen die Kranarbeiten eingestellt werden. Ende 2014 wurde Svanen vom niederländischen Wasserbauunternehmen Van Oord übernommen.

Werft/Typ:	Svanen/Astano
Länge über alles:	102,75 m
Breite:	71,80 m
Tiefgang:	4,50 m
Höhe:	102 m
Hubhöhe des Krans:	76 m
max. Hublast:	8700 t
Hubgeschwindigkeit bei Maximallast:	0,35 m/min
Antriebsleistung der Propellergondeln:	2 x 2500 kW 2 x 1250 kW
Geschwindigkeit:	7 kn (Windstille) 2,8 kn (bei 12 m/s Wind)
Rufzeichen:	C6LA2
Flagge:	Bahamas

VAN OORD
HLV SVANEN

Svanen bei Arbeiten an einer Offshore-Anlage (rechte Seite)

Svanen beim Setzen von Gründungspfeilern für Offshore-Windparks

Svanen – nach dem Übergang von Ballast Nedam an Van Oord – in neuen Farben und mit neuem Betreibernamen (Bild oben)

PORT
SVANEN

DEMAG

Demag steht für Deutsche Maschinenbau Aktiengesellschaft. Der Industriekonzern wurde 1910 in Duisburg gegründet und hatte dort auch seinen Sitz. 1973 wurde der Konzern aufgelöst und zunächst Teil des Mannesmann-Konzerns. Für den Baumaschinensektor schloss Mannesmann 1996 ein Joint Venture mit Komatsu. Die Kranbausparte gelangte schließlich unter die Fittiche von Terex, sodass unter Umständen das gleiche Modell unter den Namen Demag, Demag Terex oder Terex anzutreffen ist.

Unterwagen (ein CC 2800) auf einem Schwerlast-Tieflader von Goldhofer

DEMAG TEREX CC 2800

Entfalteter CC 2800 auf einer schwedischen Baustelle

Gittermastkräne findet man oft bei großen Mobilkränen. Man setzt sie besonders dort ein, wo Teleskopkräne die erforderliche Höhe oder die geforderten Traglasten nicht erreichen oder wo gehobene Lasten – wie bei Raupenkränen möglich – im Gelände verfahren werden sollen. Gittermastkräne können mit einer Vielzahl von Auslegersystemen zu verschiedenen Höhen und Konfigurationen aufgebaut werden. Somit lassen sie sich relativ leicht den verschiedenen Hubaufgaben anpassen.

Raupenkran CC 2800 beim Aufbau einer Windkraftanlage

Terex Cranes Germany ist heute ein Tochterunternehmen des Baumaschinenherstellers Terex aus den USA. Das deutsche Unternehmen – mit Sitz und Produktion in Zweibrücken – blickt auf eine lange Geschichte zurück. Die bereits 1827 gegründeten Dinglerwerke gehörten seit 1954 zum Unternehmensverbund der DEMAG (Deutsche Maschinenbau-Aktiengesellschaft). Nach der Übernahme durch Terex im Jahr 2002 genossen die einstigen Dinglerwerke die gleiche Ausnahmestellung wie vordem im DEMAG-Verbund: Als Spezialist für große Mobilkräne ist der Hersteller gleichauf mit Liebherr Marktführer.

Highlights des CC 2800 sind seine 600 Tonnen Tragkraft bei 9 bis 10 Meter Ausladung, die neuerdings modernisierte Kransteuerung mittels Touchscreen, die verbesserten Möglichkeiten, die Ausleger aufzurichten, die Stabilität in allen Arbeitslagen (das Raupenlaufwerk operiert mit einer regulären Spurweite von 8,40 Metern) – und nicht zuletzt die kurzen Rüstzeiten infolge stark vereinfachter Montage- und Demontageverfahren.

Auch wenn sich der CC 2800 auf eigenen Ketten fortbewegen kann – so mobil, dass er sich aus eigener Kraft von Einsatzort zu Einsatzort begeben kann, ist er nun auch wieder nicht. Der Transport des Grundgeräts und der Zubehörteile beansprucht eine größere Anzahl von Schwerlasttransportern. Im Grunde wird der Kran vollständig in transportfähige Größen zerlegt und am neuen Einsatzort wieder aufgebaut. Der Kran wird dabei nicht nur seiner Ausleger, sondern auch seiner Kettenschiffe entledigt.

Typ/Hersteller:	Demag Terex CC 2800
Tragkraft:	600 t bei 10 m Radius
Länge Kettenschiff:	11.660 mm
Gesamtmasse:	360 t
Gegengewicht:	160 t
Hauptausleger:	max. 138 m

Die Tokio Drei mit einem Stahlsegment der Brücke

DAS TOKIO-PROJEKT

Brücken mit großer Spannweite für die Durchfahrt von Schiffen werden üblicherweise als Hängebrücken oder als Schrägseilbrücken ausgeführt. Das verbot sich jedoch in der Tokio-Bucht wegen der Nähe zum Flughafen: Die hohen Pylonen für die Aufhängung der Tragseile wären ein zu hohes Risko für die Sicherheit des Flugverkehrs gewesen. So entschloss man sich zum Bau einer Stahlfachwerkbrücke. Die einzelnen Elemente der zentralen Brückeneinheit waren 232 Meter lang, 24 Meter breit und bis zu 35 Meter hoch. Die effektiv nutzbare Breite beträgt 18,50 Meter, davon beansprucht die Fahrbahn 15,50 Meter und der Fußgängerweg 3 Meter.

KAISHO, MUSASHI & YOSHIDA

Die drei stärksten Schwimmkräne Japans mussten aufgeboten werden, dazu ein Höchstmaß an Erfahrung und Präzision. Anders wäre die Verbindung, die „Tokyo Gate Bridge", in dieser Form nicht zustande gekommen. Für einen sicheren Schiffsverkehr unter der Brücke ist eine Breite von mindestens 300 Metern und eine lichte Höhe von ca. 50 Metern vorzusehen. Für das zentrale Brückenfeld musste eine Spannweite von 440 Metern überwunden werden. Die schweren Bauteile wurden an Land vormontiert und anschließend mit einer Barge der 24.000-Tonnen-Klasse herangefahren.

Die technische Lösung erinnert an die berühmte Forth Bridge in Schottland, die bereits 1890 (ohne den Einsatz von Schwimmkränen, aber mit 57 Unfalltoten während der Bauzeit) fertiggestellt worden war. Der koordinierte Einsatz der drei leistungsfähigsten japanischen Schwimmkräne war an sich schon ein Meisterstück. Erst zum vierten Mal überhaupt wirkten drei Schwimmkräne zusammen, und in Japan war es 2009 das erste Mal seit 15 Jahren. Die schweren Stahlsegmente wogen 7600 Tonnen; für einen einzelnen Kran wären sie zu schwer gewesen. So wurden mit Kaisho (4100 Tonnen Tragkraft), Musashi (3600 Tonnen) und Yoshida (3700 Tonnen) drei Riesen aufgeboten. Nicht nur das Navigieren der drei Kräne auf dem Wasser musste bewältigt werden, was mit Hilfe einer exakten GPS-Führung auch gelang. Die besondere Schwierigkeit bestand darin, dass die drei Kräne unterschiedlich große Rollen und Trossen hatten – alle Aktionen dreier unterschiedlicher Kräne mussten also genauestens aufeinander abgestimmt werden. Kaisho übernahm dabei die Führung und blieb in ständiger Funkverbindung mit den beiden Schwestern, bis die Brückenteile zentimetergenau abgesetzt waren.

Typ:	Kaisho
Tragkraft:	4100 t
Kranhaken:	4
Höhe:	137 m
Betreiber:	IHI

An den Haken dreier Kräne: Das Brückensegment schwebt ein.

Musashi (links), Yoshida (Mitte) und Kaisho (rechts)

DIE TOKIO DREI

Die Montagearbeiten an der Tokyo Gate Bridge begannen im Mai 2008. Der Zusammenbau der Stahlsegmente wurde an zwei Montageplätzen betrieben, einer vier, der andere 34 Kilometer von der Baustelle entfernt. Für die Brückenelemente wurde ein Hochleistungsstahl verwendet, der erst kurz zuvor von Nippon Steel entwickelt worden war. Er hat eine höhere Festigkeit und Zähigkeit als herkömmliche Baustahlsorten.

Für den Transport wurden die schweren Brückenteile vom Ort der Vormontage von den Schwimmkränen auf die Barge gehievt und an acht Unterstützungspunkten befestigt. Ein rund 7000 Tonnen schweres Stahlteil ist auch für das Transportschiff ein Problem, es lässt sich nicht ohne Weiteres direkt laden, ohne die Struktur des Rumpfes zu gefährden. So wurden zunächst ca. 9000 Tonnen Seewasser als Ballast in die Barge gepumpt.

Die Entladung und der Hub der Stahlteile auf der Baustelle entsprach faktisch einer Umkehrung des Ladevorgangs. Da sich der Aufbau an einer stark befahrenen Schifffahrtsroute abspielte, musste zeitweilig die Ostroute vollständig gesperrt werden. Für weniger aufwendige Baumanöver konnte eine Teilsperrung (von 300 auf 190 Meter) genügen. Über die koordinierte Aktion der drei Schwimmkräne wurde in der Presse, im Fernsehen und im Internet ausführlich berichtet. Dennoch hatten sich in den entscheidenden Momenten 800 bis 1000 Personen eingefunden, die das Einschwenken der Brückenteile live erleben wollten.

Während des Hubs musste eine Vielzahl von Werten gemessen und ausgewertet werden: zum Beispiel die Hebelast, die Hubhöhe, die relative Position der Schwimmkräne zueinander, die Position der seitlichen Traversen während des Hubs, die Position der Barge und anderes mehr. Als letzten Akt des Hubverfahrens mussten alle Sicherungen und Hebevorrichtungen vom Brückenteil entfernt werden, um gewissermaßen den drei Schwimmkränen ihre Selbstständigkeit zurückzugeben.

Details von Musashi und Kaisho

Das Fahrgastschiff „Symphony Moderna" passierte täglich diese Stelle. An diesem Tag genossen die Passagiere nicht nur ihr Mittagessen an Bord, sondern auch den außerordentlichen Anblick dreier Schwimmkräne.

Die vollendete Tokyo Gate Bridge in abendlicher Beleuchtung

E-CRANE BLOCKBUSTER

EIN SAURIER VON E-CRANE

Was wie ein Saurier anmutet, der aus der Zeit gefallen ist und sich jetzt an der niederländischen Küste tummelt, ist eines der eigentümlichsten, schwersten und leistungsstärksten Mobilgeräte für das Bewegen schwerer Lasten. Das „E“ steht im Firmennamen für „Equilibrium“, Gleichgewicht. Das belgische Unternehmen E-Crane wurde 1990 von Geert Watteeuw und Lieven Bauwens gegründet. Die Unternehmer schufen einen spezialisierten Betrieb für Krananlagen, die vor allem in Häfen für das Be- und Entladen von Massengütern und für den Umschlag von Schrott geeignet waren. Das Unternehmen hat mittlerweile 400 Mitarbeiter und Niederlassungen in den Niederlanden, den USA, in Polen, Indonesien und Singapur. Dies ist ein schönes Beispiel dafür, dass auch im „postindustriellen Zeitalter“ innovative Industrien entstehen können und dass die Saurier von E-Crane nicht von einer aussterbenden Art sind.

445T
VGA 257

E-Crane Blockbuster bei der Eindeichung der Maasvlakte 2

MAASVLAKTE 2 UND DER BLOCKBUSTER

Die Maasvlakte (deutsch: Maasebene) wurde bereits in den 1960er-Jahren als künstliche Insel südlich der Maasmündung bei Rotterdam angelegt. Dazu wurde zunächst ein Ringdeich errichtet und der Innenraum mit Nordseesand aufgespült. 1973 legten die ersten Schiffe an den neuen Terminals an. Zur Jahrtausendwende reiften die Pläne für eine Erweiterung. Mit dem Projekt Maasvlakte 2 begann 2008 die Erweiterung um 2000 Hektar. Für die Deicharbeiten, insbesondere für das Versetzen großer Betonblöcke als Wellenbrecher, wurde der E-Crane Blockbuster eingesetzt. Er verlegte ca. 20.000 Blöcke, die etwa 2,5 m^3 groß und mehr als 40 Tonnen schwer waren.

Wie ein stählerner Saurier: Blockbuster von E-Crane

WIEDERKEHR DES BLOCKBUSTERS

Der Blockbuster wurde hauptsächlich in den Jahren 2011 und 2012 an der Eindeichung der Maasvlakte eingesetzt. Die niederländische Königin Beatrix vollzog am 11. Juli 2012 den symbolischen Lückenschluss am Schutzdeich, der auch den stärksten erwarteten Stürmen widerstehen soll. Der Blockbuster war daran wesentlich beteiligt. Bei voller Leistung verlegte er pro Stunde 15 Betonblöcke – zum Teil auch unter der Wasseroberfläche. Dabei arbeitete das Gerät so präzise, dass ein Abstand von nicht mehr als 15 Zentimetern zwischen den Blöcken eingehalten werden konnte. Auf der neu geschaffenen Halbinsel durften sich 14 ausgewählte Betriebe niederlassen. Sie sind mit dem Betrieb des neuen Containerterminals befasst und mussten sich verpflichten, mindestens 45 Prozent des Containertransports mit dem Hinterland über Binnenschiffe abzuwickeln, 20 Prozent mit Eisenbahnen und nur 35 Prozent mit Lkw.

Mit der Fertigstellung der großen Erdbauwerke rund um die Maasvlakte 2 war der Berge versetzende Blockbuster eigentlich überflüssig geworden. Er wurde vom niederländischen Unternehmen Van Oord übernommen, dem die Neuerwerbung für einen neuen Auftrag gerade recht kam. Das Raupenfahrwerk, das an ein Tagebaugroßgerät erinnerte, wurde nicht mehr benötigt, auch auf die schweren Gegengewichte, welche die Maschine so wunderbar im Gleichgewicht gehalten hatte, verzichtete man bei der Wiedergeburt des Blockbusters. Der Kran wurde auf einen pontonförmigen Schiffsrumpf von 60 Metern Länge und 26 Metern Breite gesetzt. Auf diesem Schiffskörper (890 Bruttoregistertonnen) kann der Blockbuster als Greifbagger (mit max. 24,5 Tonnen) oder als Kran (max. 50 Tonnen) verwendet werden. Ende 2012 zerlegt, ging er 2013 auf die Reise ans Kaspische Meer, zu seinem neuen Wirkungsort.

Typ/Hersteller:	E-Crane Blockbuster
Tragkraft:	50 t
Reichweite:	63 m (von der Mitte der Maschine)
Eigenmasse:	1200 t
Gegengewicht:	360 t
Höhe:	30 m

Neue Anwendung für den Blockbuster: auf dem Kranschiff Titan unter der Regie von Van Oord

GROVE GMK 6300 L

GMK 6300 L auf einem schwedischen Betriebshof

GROVE – AUF SECHS ACHSEN

Sechs Achsen und 300 Tonnen Tragkraft, das ist das Geheimnis der Zahlen am Grove 6300. Der Hersteller hebt hervor, dass das Modell eine starke Hubfähigkeit besitze und bei Hüben auf großen Höhen mehr Leistung zur Verfügung stelle. Der Kran wurde erstmals auf der Messe bauma 2010 vorgestellt und seither an Betreiber auf vier Kontinenten ausgeliefert. Der siebenteilige Hauptausleger erreicht Höhen, für die andere Modelle Hilfsausleger benötigen.

Der Teleskopausleger wird aufgerichtet.

Vier Abstützausleger halten den Kran stabil.

Die Mobilkräne von Grove kombinieren hohe Geschwindigkeiten bei Fahrten auf der Straße mit staunenswerter Geländegängigkeit und eindrucksvollen Hubfähigkeiten. Die Allradlenkung mit mehreren Lenkbetriebsarten bringt das im Straßenverkehr als „Überbreite“ eingestufte Fahrzeug auch um enge Kurven. Auch die Manövrierfähigkeit am Einsatzort und im Gelände wird dadurch befördert.

Motorisiert ist der Grove KMK 6300 L mit einem Mercedes-Benz OM502A, ein Achtzylindermotor mit 420 kW. Der Motor des Oberwagens ist ein Mercedes-Benz OM-926LA mit sechs Zylindern und 210 kW Leistung. Eine etwas seltsame Konfiguration hat das Kopfschütteln mancher Fahrer erregt: Der Tank für den Unterwagen, mit 500 Liter Volumen nicht gerade überdimensioniert, ist im Oberwagen untergebracht.

Das Fahrerhaus ist in einer Gemischtbauweise aus Aluminium und karbonfaserverstärktem Kunststoff gefertigt. Das Zweipersonen-Fahrerhaus ist mit Sicherheitsglas großzügig verglast; der Fahrer sitzt auf einem luftgedämpften Sitz. Eine Rückfahrkamera vervollständigt die Ausrüstung. Die Krankabine ist eine sicherheitsverglaste Vollsicht-Aluminiumkabine, die um ca. 20 Grad gekippt werden kann.

Die Abstützausleger lassen sich in fünf verschiedenen Einstellungen justieren. Der Hauptausleger kann mit Hilfsauslegern auf 120 Meter verlängert werden.

Typ/Hersteller:	Grove GMK 6300 L
Tragkraft:	300 t bei 12 m Radius
Hauptausleger:	80 m
Gesamtmasse:	72 t
Gegengewicht:	160 t
Hauptausleger:	15,60–80,00 m
Höchstgeschwindigkeit:	85 km/h
Maße (L x B x H in mm):	15.368 x 3070 x 4000

OVERSIZE LOAD

GROVE GMK 7550

SIEBEN JAHRZEHNTE ERFAHRUNG

Das Maschinenbauunternehmen Grove wurde 1947 in Shady Grove, Pennsylvania gegründet und entwickelte sich im Lauf von sieben Jahrzehnten zu einem der weltweit führenden Hersteller hydraulischer Mobilkräne. Das Unternehmen ist für seine Pionierleistungen bekannt geworden. So baute Grove 1968 den weltweit ersten schwenkbaren Geländekran und führte 1970 den ersten trapezförmigen Ausleger ein. Auch andere technische Neuerungen setzen Maßstäbe, wie das Aufhängesystem MEGATRAK, das Stecksystem TWIN-LOCK und das Auslegersystem MEGAFORM. Grove gehört heute zur Manitowoc-Gruppe.

SHADY GROVE UND WILHELMSHAVEN

Grove befindet sich seit 2002 zusammen mit National Crane und Potain unter dem Dach von Manitowoc. Mit Grove kam auch der Produktionsstandort Wilhelmshaven zum Konzern Manitowoc. Hier wurde nach dem Zweiten Weltkrieg das Werk Krupp-Ardelt gegründet; nach Wilhelmshaven war der Kranbauer Ardelt-Werke ausgewichen, der ursprünglich in Eberswalde, Brandenburg, ansässig war. Im Unternehmensverbund von Manitowoc stehen Potain für Turmdrehkräne, National Crane für Lkw-Aufbau-Kräne, Manitowoc für Raupenkräne und Grove für Mobilteleskopkräne. Für seine Produkte bietet Manitowoc auch weltweite Kundendienstleistungen und Möglichkeiten der Finanzierung an.

GROVE GMK 7550

Mit dem Siebenachser GMK 7550 stellt Grove einen Kran der Klasse 450 Tonnen (550 US-tons) zur Verfügung. Die erste, vierte und fünfte Achse sind angetrieben und lenkbar, die Achsen 2, 3, 6 und 7 sind lediglich lenkbar.

Für den Transport kann der Mobilkran in verschiedenen Konfigurationen bewegt werden. Mit dem Ausleger über der Fahrzeugfront beträgt die Länge über alles 19.622 mm (reine Fahrzeuglänge 16.914 mm). Am Fahrzeugheck besteht die Möglichkeit, eine achte Achse anzufügen, womit sich das Fahrzeug um 1750 mm verlängert. Die achte Achse wird üblicherweise verwendet, um den Ausleger über Heck zu transportieren; dabei wird er über einen nachlaufenden dreiachsigen Dolly gelegt. Außerdem besteht die Möglichkeit, den Ausleger ganz zu demontieren und separat zu transportieren. Die Beweglichkeit und Geländegängigkeit des Fahrzeugs bringen es mit sich, dass man den 7550 in die Kategorie der „All Terrain Cranes“ eingeordnet hat. Mitverantwortlich ist das Grove MEGATRAK-Federungssystem. Es bewirkt bei Einzelradaufhängung und Allradlenkung, dass alle Räder auf dem Boden bleiben und keine strukturellen Spannungen daraus entstehen, dass die Lasten im Gelände ständig zwischen den Achsen verteilt werden müssen. Auf diese – gewissermaßen konstruktive – Bodenfreiheit („wo andere nur das Chassis anheben“) ist man bei Grove besonders stolz.

Das Flaggschiff der Grove-Flotte hat einen Hauptausleger von 60 Metern Länge. Mittels der Hilfsausleger des MegaWing-Lift-Systems lässt sich die Reichweite des Krans mehr als verdoppeln.

Typ/Hersteller:	Grove GMK 7550
Tragkraft:	450 t
Hauptausleger:	16–60 m
max. Rollenkopfhöhe:	135 m
max. Länge bei Transport:	26.356 mm (Ausleger über Heck)
Fahrzeuglänge:	16.914 mm
Masse des Dollys:	3,9 t
max. Gesamtmasse:	72 t
Gegengewicht:	120 t
Höchstgeschwindigkeit:	85 km/h
Motor des Carriers:	Mercedes-Benz OM502A (420 kW)
Motor des Oberwagens:	Mercedes-Benz OM-906LA (205 kW)

Zwei Grove GMK 7550 kooperieren mit großer Auslage vor dem Smithsonian Museum in Washington.

Grove GMK 7550 von ganz oben

AUF DIE SPITZE GETRIEBEN

Die Ardelt-Werke, ein renommierter Kranbauer, wurden 1945 wegen Beteiligung an der Rüstungsproduktion demontiert und enteignet. Der Eberswalder Betrieb arbeitete schließlich in der DDR als VEB Kranbau Eberswalde erfolgreich weiter. Grove erwarb Krupp-Ardelt Wilhelmshaven 1995. Heute entstehen in Wilhelmshaven täglich zwei Kräne, darunter auch das Spitzenmodell GTK 1100. Knapp 1000 Mitarbeiterinnen und Mitarbeiter sind in Wilhelmshaven beschäftigt.

GROVE GTK 1100

Der GTK 11100 von Grove ist für den Einsatz in großen Hubhöhen konzipiert worden. Er eignet sich daher zur Montage und Wartung von Windkraftanlagen, aber auch für den Einsatz auf innerstädtischen Baustellen (oder im Industriegelände) mit nur beschränktem Platz rund um den Bau. Vom Typus her ist er eine Kombination aus oben drehendem Turmdrehkran (Oberteil) und Teleskop-Fahrzeugkran (Unterteil). In die Konzeption flossen Erfahrungen und Ideen des Krandienstleisters Wiesbauer aus Bietigheim-Bissingen ein, der an der Entwicklung beteiligt war. Das Ergebnis wurde auf der Messe bauma 2007 erstmals dem Fachpublikum präsentiert.

Für den Transport des Krans zum Einsatzort sind mindestens vier Sattelauflieger erforderlich: ein Wagen für den Turm, ein Wagen für den Oberwagen des Krans, zwei Wagen für Stützen und Gitterausleger und gegebenenfalls ein weiteres Fahrzeug für weitere Zubehörteile. Soll mit Oberwagenballast gearbeitet werden, müssen die Ballast-Elemente auch gesondert verladen und transportiert werden.

Der Unterwagen des GTK 1100 ist ein neunachsiger Sattelanhänger von Scheuerle. Der Oberwagen wurde leicht modifiziert vom GMK 7550 übernommen. Ein eingespieltes Team schafft es, den Kran binnen sechs Stunden aufzubauen. Dazu benötigt es allerdings für die ersten Schritte einen Hilfskran.

Grove GTK 1100 richtet sich auf. Die Abspannstangen zum Unterwagen sind bereits an den Gitterstützen befestigt, aber noch nicht gespannt.

Typ/Hersteller:	Grove GTK 1100
max. Traglast:	95 t bei 14 m Ausladung und 116 m Hubhöhe
max. Hubhöhe:	140 mm
max. Auslegung:	56 m
Gegengewicht:	bis 60 t (vierteilig)
Turm:	16–60 m
Hauptausleger:	19,40–76,50 m
Hilfskran:	GMK 5220

Vorderansicht des Schwimmkrans Hermod

HEEREMA

Die niederländische Reederei Heerema Marine Contractors (HMC) gehört zu den weltweit führenden Dienstleistern bei Offshore-Anlagen der Öl- und Gasindustrie sowie mittlerweile der Windenergie-Produzenten. Heerema betreibt eine Reihe von Spezialschiffen, zum Beispiel die Tiefsee-Arbeitsschiffe Thialf, Balder und Hermod. Zur Unterstützung der Offshore-Arbeiten verfügt Heerema über eine Reihe von Schwertransport- und Hilfsschiffen. Nicht nur beim Aufbau von Offshore-Anlagen werden Heeremas schwimmende Kräne tätig. Auch bei der Zerlegung oder Umrüstung alter oder nutzlos gewordener Anlagen ergibt sich ein zunehmend größer werdendes Betätigungsfeld.

Hermod verlässt den Calland-Kanal.

HERMOD

Hermod erhielt seinen Namen nach einem Gott der nordischen Mythologie. Hermod und sein Bruder Balder sind Söhne des Odin, kein Wunder also, dass zwei weitgehend baugleiche Schwimmkräne der Reederei Heerema die Namen der Brüder Balder und Hermod erhielten. Im deutschen Sprachgebrauch sind Schiffe – grammatikalisch – in der Regel weiblich. Folglich spricht man von Schwesterschiffen, denen – wie in diesem Fall – ein Brüderpaar die Namen gab.

Hermod ist ein sogenannter Halbtaucher, bei dem der Auftriebskörper sehr weit unter der Wasseroberfläche liegt. Das verleiht der Kranplattform bei Seegang eine größere Stabilität. Den Rumpf der Hermod bilden zwei Schwimmer, die über jeweils drei Säulen mit den Decksaufbauten verbunden sind. Der Tiefgang bei Überführung (12 Meter) wird bei der Arbeit auf 28 Meter abgesenkt.

Im Zwillingshub können die beiden Hauptkräne der Hermod gemeinsam 8100 Tonnen Last bewältigen. Die maximale Ausladung beträgt dabei 39 Meter. Bei minimaler Ausladung sind die beiden Kräne immer noch in der Lage, Lasten von 600 Tonnen bis zu einer Tiefe von 3000 Metern unter Deckshöhe abzusenken. Der Backbordkran hat eine maximale Hubhöhe von 92 Metern, der Steuerbordkran von 83 Metern über dem Arbeitsdeck. Außerdem stehen noch ein Hilfskran mit 900 und zwei Hilfskräne mit 600 Tonnen zur Verfügung. Das Arbeitsdeck trägt eine Gesamtlast von 8000 Tonnen.

Die Hermod operiert oft in arktischen Gewässern. Darum sind alle Mannschaftsquartiere beheizt und mit Klimaanlage versehen. Die Hubschrauberplattform ist für Maschinen bis zur Größe eines Sikorsky S-92 zugelassen.

Typ/Eigner:	Heerema Hermod
Bauwerft:	Mitsui
Maschine:	dieselelektrisch
Leistung:	19.355 kW (7 Generatoren)
Tragfähigkeit:	59.344 tdw
Höhe des Arbeitsdecks:	42 m
Tragfähigkeit des Decks:	15 t/qm
max. Geschwindigkeit:	6 kn
Maße (L x B in m):	154 x 86
Backbordkran:	max. 3600 t
Steuerbordkran:	max. 4500 t
Besatzung:	371

Heerema Hermod

HEEREMA
THIALF
PANAMA R.P.
H-541
PANAMA R.P.

HEEREMA THIALF

DIENER DES DONNERGOTTS

In der nordischen Mythologie ist Thialfi, ein Bauernsohn, Diener des Donnergottes Thor. In der Wirklichkeit tragen ein niederländisches Eisschnelllaufstadion und der gegenwärtig leistungsfähigste Schwimmkran den Namen Thialf. Der Schwimmkran, einer der weltgrößten Arbeitsschiffe überhaupt, ist übrigens in seinen Außenmaßen größer als das Eisschnelllaufstadion. Eigner der Thialf ist seit 1997 die Heerema Marine Contractors, der auch Balder und Hermod gehören. Und wie die beiden Schwesterschiffe entstand auch die Thialf auf der japanischen Werft Mitsui.

Thialf im Hafen

SCHWIMMKRÄNE

Schwimmkräne („floating cranes") oder Kranschiffe („crane vessels") sind Arbeitsschiffe, die für Kranarbeiten genutzt werden, die nur im Wasser oder vom Wasser aus realisiert werden können. Dabei handelt es sich in der Regel um besonders umfangreiche und/oder schwere Objekte. Große, hochseefähige Schwimmkräne werden zur Errichtung, Wartung und Demontage von Offshore-Anlagen benötigt. Außerdem sind Schwimmkräne bei der Errichtung großer Brückenbauwerke nützlich. Anders als Kräne an Land arbeiten Schwimmkräne nicht mit einem Gegengewicht, sondern halten das Gleichgewicht mittels Umpumpen von Ballastwasser zwischen den Ballasttanks. Oft werden Schwimmkräne nicht als Einrumpfschiff („monohull vessel"), sondern in Katamaranbauweise konzipiert. Halbtaucher besitzen einen tief unter der Wasseroberfläche liegenden Auftriebskörper, wodurch die Stabilität des Geräts bei unruhiger See erhöht wird.

Thialf bei Nacht

THIALF

Der Schwimmkran Thialf wurde ursprünglich 1985 für den US-amerikanischen Technologiekonzern McDermott gebaut. 1997 erwarb Heerema das aus der japanischen Werft Mitsui stammende Arbeitsschiff. Es wird heute offiziell von der Thialf Shipping Inc. betrieben, ist auf den Niederländischen Antillen registriert und fährt unter panamesischer Flagge. 1998 wurde Thialf bekannt, weil sie vor Norwegen den versenkten Öltank „Brent Spar" wieder hob und zur umweltgerechten Entsorgung abtransportierte.

Die beiden Hauptkräne haben eine zugelassene Tragkraft von jeweils 7100 Tonnen. Sie wurden aber schon mit weitaus höherer Last getestet. Im Tandemhub lassen sich also mindestens 14.200 Tonnen bewegen – und immerhin noch mit einer Auslage von 31 Metern. Assistiert werden sie von zwei Hilfskränen mit je 900 Tonnen Kapazität. Mit dieser Krananlage stellte Thialf im Jahr 2000 einen Weltrekord auf, indem sie die 11.800 Tonnen schwere Shell-Bohrplattform „Shearwater" im Tandemhub bewegte. Der Rekord wurde 2004 von dem annähernd gleich starken Schwimmkran Saipem 7000 überboten, der im Mittelmeer die Plattform „Sabratha" mit 12.100 Tonnen hob. Beide Riesen stehen im Wettbewerb um den Rang des Stärksten.

Der Rumpf der Thialf ist als Katamaran ausgelegt, über dem der Deckskörper auf vier Säulen ruht. Für Fahrt sorgen sechs Propellergondeln mit je 5500 kW Leistung. Sie sind um 360 Grad schwenkbar und einziehbar und erreichen einen Gesamtschub von 400 Tonnen. Mit ihrem System zur dynamischen Positionierung kann die Thialf auch unter schwierigen Wetterbedingungen ihre Position stabil halten. Thialf bietet Unterkünfte für 736 Personen. Vom Hubschrauberdeck können Helikopter der Klasse CH-47 Chinook operieren.

Typ/Eigner:	Heerema Thialf
Bauwerft:	Mitsui
Maschine:	dieselelektrisch
Leistung:	6 x 5500 kW
Ballastpumpen:	20.800 m^3/h
Tragfähigkeit des Decks:	15 t/m^2
Gesamttragfähigkeit des Decks:	12.000 t
max. Geschwindigkeit:	6 kn
Maße (L x B in m):	201,60 (über alles, Schiff 165,30) x 88,40
Hauptkräne:	2 x 7100 t
Hilfskräne:	2 x 900 t
Besatzung:	736

Thialf auf See

Können Berge versetzen: Automatisierte Stapelkräne von Kalmar

KALMAR

Kalmar ist ein unabhängiger Geschäftsbereich der finnischen Cargotec-Gruppe, die 2005 aus dem Kone-Konzern ausgegliedert worden war. Als Spezialist für Umschlaggeräte und Hafenautomatisierung entwickelte Kalmar schon in den 1940er-Jahren einen ersten „Straddle Carrier" (Portalhubwagen) für die Industrie. Die Zeichen standen auf Standardisierung. In den 1980er-Jahren entstanden die ersten Stapler für Container und im folgenden Jahrzehnt konnten die ersten Stapler für die Arbeit auf unebenem Terrain auf den Markt gebracht werden. Hafenautomatisierung und Servicedienstleistungen gehören heute zum Kerngeschäft von Kalmar. Die fahrerlosen Riesen-Kalmare, die wie von Geisterhand gesteuert Containerberge versetzen, sind heute in allen großen Häfen zu finden.

Automatische Entladung eines Sattelschleppers

AUTOMATIC STACKING CRANE

Automatische Stapelkräne und Portalhubwagen von Kalmar im Hafenbetrieb

Kalmar hat in den zurückliegenden Jahren viel dafür getan, mit Automatisierungslösungen den Containerumschlag zu revolutionieren. Automatische Stapelkräne ermöglichten die größtmögliche Ausnutzung der Kapazitäten und die effektive Stapeldichte. Das ASC Terminal optimiert Durchsatz und Stapelgrundfläche.

Der Schlüssel zum effektiven Betrieb der fahrerlosen Riesen ist die Kalmar TLS-Software. Sie übernimmt Planung und Routing sowie die Ausführung des automatischen Betriebs. Das System kann mit jeder Art von Schnittstelle kommunizieren, sodass der Betreiber alle Operationen von einer einzigen Plattform aus verwalten kann.

Automatische Stapelkräne werden gewöhnlich in großen Terminals eingesetzt, weil Durchsatz und Stapeldichte dort wichtige Indikatoren für die Leistungsfähigkeit sind. Durch die automatische Abfertigung von Lkws kann das Entladen direkt an der Umschlagzone des ASC-Stapels erfolgen; ein Zwischentransport an Land kann damit entfallen. So werden Sicherheit und Effizienz verbessert und die Kosten gesenkt. Auch die Nachrüstung von Containerterminals mit ASC-Technik ist möglich. In Hamburg wird das Containerterminal Burchardkai (CTB) nach und nach von Portalhubwagen auf automatische Stapelkräne umgerüstet. Dort verwendet man ein ASC-System mit drei Kränen pro Block, insgesamt 24 automatische Stapelkräne. Die Kalmar TLS-Software steuert und optimiert das gesamte System. Das Terminal benutzt dennoch weiterhin bemannte Straddle Carrierrs für den Ship-to-shore-

Typ/Hersteller:	Kalmar ASC 41
Portalspannweite:	8–10 Containerbreiten
Stapelhöhe:	max. 6 Container
Hubgeschwindigkeit:	45–1120 m/min
Geschwindigkeit der Laufkatze:	60–90 m/min
Geschwindigkeit des Portals:	240–300 m/min
Sichere Traglast:	41 t

Verkehr an der Seeseite sowie zum Transport der Container aus dem ASC-Gelände zum Rangierbahnhof auf der Landseite. Die Lkw-Entladung erfolgt ebenfalls durch das Kalmar-System.

KALMAR ASC

KALMAR
LIFT CAPACITY 40 LT
ASC02W
TraPac
K LINE
"K"
TRITON
OOCL
tex

C03L
TraPac
ASC03L
TraPac
K LINE
tex
ASC04W
K LINE

KLASSIKER – CSC 340 & SHC 250

Straddle Carriers von Kalmar gehören zu den Klassikern und zu den weltweit am weitesten verbreiteten Container-Portalhubwagen. Kalmar hat in den zurückliegenden Jahren viel dafür getan, die Effektivität der Fahrzeuge zu erhöhen, Kraftstoff zu sparen und damit die Kosten zu senken und die Umwelt zu schonen. Kalmar bietet vier Modelle der „Classic Straddle Carriers" an, die sich durch unterschiedliche Größe und Tragkraft auszeichnen. Die 300er-Baureihe hat eine Höhe von etwas über 9 Metern, die 400er-Baureihe ist 12 Meter hoch. Innerhalb beider Baureihen kann die Tragkraft 40 oder 50 Tonnen betragen. Wahlweise kann die Kabine vorne oder seitlich angebracht werden. Beide Baureihen weisen innen eine lichte Weite von 3500 mm auf.

Neben den dieselhydraulisch betriebenen, gewissermaßen klassischen Carriers baut Kalmar auch elektrisch betriebene Portalwagen in sechs Ausführungen. In den 300er- und 400er-Baureihen werden jeweils Maschinen mit 40, 50 und 60 Tonnen Kapazität angeboten. Die Außenmaße der Electric Straddle Carriers (ESC) entsprechen im Wesentlichen den Classic-Modellen. Angetrieben werden die Wagen von je vier Elektromotoren.

Typ/Hersteller:	Kalmar CSC 340
Motor:	Dieselmotor, 7400 cm^3, 135 kW
Eigenmasse:	66 t
Tragkaft:	40 t
Fahrgeschwindigkeit:	30 km/h (leer) 26 km/h (beladen)
Hubgeschwindigkeit:	24 m/min (leer) 20 m/min (beladen)
Wendekreis:	9470 mm
Radlast voll beladen:	13,3 t
Radstand (in mm):	2100 x 3500 x 2100

Die Zukunft: Ferngesteuerte Portalhubwagen SHC 250 A

Klassiker: der CSC 340

Shuttle Carriers von Kalmar besorgen den Verkehr von und zum Container-Stapelplatz – zum Beispiel seeseitig vom Schiff bzw. der Containerbrücke, welche die Schiffsladung löscht, zum Stapelplatz (und zurück beim Beladungsvorgang) oder landseitig vom Stapelplatz zum Güterbahnhof (und zurück bei der „Warenannahme"). Shuttle Carriers baut Kalmar in zwei Klassen: mit der Tragfähigkeit 40 bzw. 50 Tonnen. Neben den dieselhydrostatisch angetriebenen Carriers können auch in dieser Produktgruppe elektrisch angetriebene Fahrzeuge oder Portalwagen mit Hybridantrieb geordert werden. Die beiden Elektromotoren treiben zwei Räder an; sie werden von einem Dieselgenerator mit 77 kW Leistung versorgt. Als Energiespeicher dient eine Lithiumbatterie. Die Leistungen der elektrischen bzw. per Hybridantrieb angetriebenen Shuttle Carriers steht denen der dieselmotorisierten Wagen nicht nach. Die lichte Weite innen und die Tragkraft entsprechen den Standardmaßen, die für den Containertransport erforderlich sind.

Die Zukunft scheint dem automatisierten Hafenbetrieb zu gehören. Kalmar entwickelt folgerichtig auch Anwendungen für den automatisierten Betrieb des Terminals. Kalmar-Autoshuttles nehmen die Container unmittelbar auf dem Boden unter dem Ship-to-shore-Kran auf. Dadurch wird gewissermaßen direkt unter dem Kran eine Art Zwischenspeicher geschaffen. Damit der manuelle Betrieb nicht die Automatisierung durcheinanderbringt, muss er vom automatisierten Bereich getrennt werden. Der automatisierte Hafenverkehr lastet die Maschinen besser aus. Weniger Geräte als beim manuellen Betrieb sind erforderlich und weniger Staus entstehen.

Typ/Hersteller:	Kalmar SHC 250
Motor:	Dieselmotor, 10.800 cm^3, 280 kW
Eigenmasse:	51 t
Tragkraft:	50 t
Fahrgeschwindigkeit:	30 km/h (leer) 25 km/h (beladen)
Hubgeschwindigkeit:	20 m/min (leer) 9 m/min (beladen)
Wendekreis:	10.500 mm
Antrieb:	hydrostatisch, auf zwei Rädern
Bremsen:	Scheibenbremsen an vier Rädern
Maße (L x B x H in mm):	9200 x 5100 x 10.430
Radstand:	6700 mm

Kalmar Shuttle Carrier SHC 250

KRØLL – RIESEN AUS DÄNEMARK

Die Krøll Cranes A/S wurde 1956 von Fridtjof Berg Krøll gegründet. Das dänische Unternehmen begann als Vertrieb und später als Lizenzbauer von schwedischen Linden-Kränen. Nach und nach entwickelte Krøll eigene Kranmodelle, die sich als leistungsfähiger erwiesen als die Lizenzbauten. Der erste davon war der K 1800, der 1956 entstand. 1978 verkaufte der Firmengründer sein Unternehmen an Vølund A/S. In den 1980er-Jahren erwarb die UdSSR 13 Kräne des Typs K 10000 speziell zum Heben schwerer Teile für den Bau von Kernkraftwerken – mit der Aussicht auf weitere Aufträge. Der Atomunfall von Tschernobyl machte die Anschlussaufträge unmöglich, wenn auch die UdSSR den Vertrag bis zur Ablieferung des letzten Krans erfüllte. Krøll kehrte danach zu normal dimensionierten Kränen für die Baubranche zurück und baute ein komplett neues Vertriebsnetz auf. 1997 übernahm die malayische Muhibbah Engineering Krøll. Seit der Jahrtausendwende liefert Krøll vermehrt große Schiffbaukräne an ostasiatische Werften.

K 10000

Die Mehrzahl der bis Mitte der 1980er-Jahre verkauften 15 Kräne vom Typ K 10000 sind für den Bau von Kernkraftwerken eingesetzt worden. Als nach der Tschernobyl-Katastrophe der Bau von Kernkraftwerken deutlich reduziert wurde, brach das Geschäft mit diesen großen Kränen ein. Einige Kräne stehen immer noch in Wartestellung neben den Kernkraftwerken herum; andere suchten – und fanden – eine neue Bestimmung. Oder wurden gefunden. So suchte das kanadische Unternehmen Syncrude, eine Ölsandraffinerie, einen passenden Kran, um insgesamt 80 Filterelemente mit einem Gewicht von jeweils 80 Tonnen zu installieren. Ursprünglich beabsichtigte man, dafür einen großen Raupenkran einzusetzen. Die Ergebnisse befriedigten nicht. Krøll offerierte das Angebot, mit einem gebrauchten K 10000 das Projekt innerhalb von sechs Monaten abzuwickeln. Syncrude nahm an und das Projekt wurde sogar vorfristig abgeschlossen.

Der K 10000 ist ein unten drehender Turmdrehkran in Gittermastbauweise. Seine Optik ist gekennzeichnet von einem Hilfskran an der Spitze, der die Maße eines „normalen" Baustellenkrans (zum Beispiel eines Liebherr 386) aufweist. Den ersten K 10000 hatte Krøll bereits 1977 abgeliefert. Naturgemäß ist die Fertigung von solchen Riesenkränen, die meist an ein bestimmtes Objekt oder Projekt gebunden sind, keine Massenproduktion. 1980 lieferte Krøll den ersten K 10000 in die Sowjetunion. Dort war man mit dem Gerät so zufrieden, dass man weitere Kräne bestellte. Der K 10000 blieb der größte jemals gebaute Turmdrehkran der Welt. Einige dieser Kräne stehen noch heute bei „ihren" Kernkraftwerken; andere sind bis zum Ende der Sowjetzeit nicht einmal aufgebaut worden.

K 10000 in voller Größe

Diese Perspektive bietet sich vom Hauptausleger des Krans K 10000.

Typ/Hersteller:	Krøll K 10000
Höhe:	120 m
Hauptausleger:	84 m
Hakenhöhen	81 m (Einzelhaken 77 m (Doppelhaken)
Tragkraft:	60–94 t (bei 84-100 m Radius)
Ultralift-Tragkraft:	264 t (bei 44 m Radius)
Durchmesser des Drehkranzes:	12 m
Hubgeschwindigkeit:	50 m/min
Geschwindigkeit der Laufkatze:	90 m/min
Gegengewichte:	40 t, 83 t (mobil)
Geschwindigkeit der Gegengewichte:	30 m/min
Baujahr:	1980

KRAFTTÜRME VON LIEBHERR

Fast jedes Schulkind kennt die Marke Liebherr. Die Vielseitigkeit der Produkte, wie Haushaltskühlschränke, Bagger, Baufahrzeuge, Schwerlastkäne und Antriebssysteme ist kaum zu überbieten. Die Geschichte von Liebherr ist eine einmalige Erfolgsstory eines oberschwäbischen Kleinunternehmers, der 1949 das Unternehmen gründete. Die Firmengruppe mit Sitz in der Schweiz besteht heute aus mehr als 130 Unternehmen mit rund 40.000 Mitarbeitern.

LR 13000 hebt seine kleineren Brüder: zusammen 1430 Tonnen.

LIEBHERR LR 13000

Typ/Hersteller:	Liebherr LR 13000
max. Traglast:	3000 t bei 12 m Auslegung
Hauptausleger:	60–144 m
Gitterspitze:	18–126 mm
Derrickausleger:	54 m
Derrickballast:	1500 t
Drehbühnen-/Zentralballast:	750 t/150 t
Motorleistung:	2 x 500 kW

LR 13000 dreht die Last der drei kleineren Kräne am Haken.

LR 13000

LR 13000 auf dem Werksgelände in Ehingen

Mit dem derzeit stärksten Raupenkran konventioneller Bauart in der Welt stellt Liebherr nicht nur ein beeindruckendes, schweres und rekordverdächtiges Gerät zur Verfügung, sondern versteht es, mit spektakulären Vorführungen eine wachsende Zahl von Zuschauern zu faszinieren. So konnte man bei den Kundentagen 2012 in Ehingen bestaunen, wie zuerst ein 32 Tonnen schwerer LR 1000 (der kleinste Raupenkran aus der Liebherr-Familie) vom 1350 Tonnen schweren LR 1350 angehoben wurde, der wiederum vom 1080 Tonnen schweren LR 11350 zum Schweben gebracht wurde, wonach der LR 13000 das gesamte Paket liftete und seine drei kleinen Brüder mit zusammen 1430 Tonnen Masse im Gleichgewicht hielt. Bei anderer Gelegenheit wurde eine Rekordhöhe von 248 Metern erreicht: aus der Konfiguration von Hauptausleger (120 m), Wippspitze (126 m) und Raupenfahrwerk.

Ingenieure meinen, es sei im Grunde gar nicht so schwer, einen großen Kran zu bauen, der sehr weit in die Höhe reicht und der sehr schwere Lasten heben kann. Ein Kunststück sei es hingegen, einen großen, hohen Kran für schwere Lasten zu bauen, dessen einzelne Stücke weniger als 70 Tonnen wiegen und nicht breiter als 4 Meter sind. Dieses Kunststück ist den Liebherr-Entwicklern gelungen. Wenn sich noch dazu der Kran in einer vernünftigen Zeit aufbauen lässt, hat man der Wirtschaft ein wahrhaft wirtschaftliches Werkzeug in die Hand gegeben.

Wozu braucht man Kräne dieser Dimension? Überwiegend werden sie für Industriebauten verwendet, zum Beispiel zum Aufrichten schwerer Werkstücke (wie Reaktoren oder Konverter), die waagerecht auf einem Schwertransporter angeliefert werden. Auch Windkraftanlagen wachsen in ihrer Dimension und benötigen hohe Kräne mit beträchtlicher Tragkraft. In einem anderen Fall wurde ein LR 13000 vom Dienstleister Mammoet im Mai 2014 in Bremerhaven eingesetzt. Der Kran hob zusammen mit dem Schwimmkran „Matador 3“ die riesigen Hubbeine, sogenannte Jack-up-Legs, von der Transportbarge, richtete sie auf und „fädelte“ sie

Der Unterwagen des LR 13000 macht die Dimension des Geräts deutlich.

im Errichterschiff Aeolus ein. Mit diesem Jacking-System würde sich die Aeolus später in bis zu 45 Meter tiefem Wasser über die Wellenkämme erheben können. Der LR 13000 hob bei dieser Gelegenheit 1000 Tonnen mit einer Ausladung von 23 Metern. Die Aufrichtung des Krans an der Kaimauer dauert übrigens ganze 22 Minuten.

Das Transportgewicht des Krans beträgt 3500 Tonnen (einschließlich 1500 Tonnen Derrick- und 400 Tonnen Drehbühnenballast). Ein Kettenschiff allein wiegt schon 210 Tonnen, die Kette selbst 82 Tonnen – sie wird abgenommen und kann zerlegt werden. Der 4,50 Meter breite Drehkranz wird in diagonaler Position transportiert.

LR 13000 neben LR 11350

Saipem 7000 mit J-Lay-Turm zum Verlegen von Pipelines

DER ZWEITGRÖSSTE GIGANT

Die Saipem 7000 ist der nach der Thialf zweitgrößte Schwimmkran und eines der größten Arbeitsschiffe weltweit. Eigentümer ist der italienische Offshore-Dienstleister Saipem (Società Azionaria Italiana Perforazione e Montaggi). Das Unternehmen hat sich auf das Installieren von Einrichtungen für Öl- und Gasgewinnung und anderer Offshore-Bauwerke sowie auf das Verlegen von Pipelines spezialisiert.

SAIPEM 7000

Ursprünglich wurde der Schwimmkran 1984 vom niederländischen Unternehmen Gust Engineering als Mehrzweckarbeitsschiff entworfen. Gebaut wurde das Schiff, das im Konzept den Schiffen Balder und Hermod (beide im Besitz von Heerema) ähnelt, auf der italienischen Werft Fincantieri in Monfalcone bei Triest. Erster Eigner war das italienische Offshore-Unternehmen Micoperi. Das Schiff ist daher zunächst als Micoperi 7000 bekannt geworden. Die Zahl im Schiffsnamen deutet auf die Tragkraft der beiden Hauptkräne hin. Micoperi musste den Schwimmkran 1995 verkaufen; der neue Eigentümer Saipem gab ihm 1996 seinen heutigen Namen.

1999/2000 waren größere Umbauten und Erneuerungen am Schwimmkran erforderlich. Namentlich die Energieversorgung und die Antriebsleistung wurden verbessert. Bei nur geringfügig kleinerer Traglast der Kräne ist die Saipem 7000 seither 50 Prozent schneller als die Thialf. Das verkürzt die Transferzeiten und senkt die Kosten für den Betreiber. Als besondere Ausrüstung gehört ein sogenannter J-Lay-Turm zum Schiff. Damit werden Pipelines verlegt. Dabei bildet sich die charakteristische J-Form der Röhre, die dem Verlegeturm den Namen gab. Diese Ausrüstung wurde dem Schwimmkran bei den Umbauten in den Wintermonaten 1999 und 2000 hinzugefügt. Der neue selbstaufrichtende J-Lay-Turm ist mit 135 Metern der höchste der Welt. Damit ist das Verlegen von Rohrleitungen in großen Tiefen möglich. Diese Spezialausrüstung muss die Saipem 7000 aber nicht ständig mit sich führen. Die eigenen Kräne können die Spezialausrüstungen ohne Hilfe von Land montieren und demontieren; Saipem hat eines ihrer Schiffe zum Transporter für den J-Lay-Turm umgerüstet.

Als Spezialausrüstung ist außerdem ein umfangreiches Equipment zum Rammen von Pfahl- und Pfeilerbauten verfügbar. Zum Bewegen großer Lasten befindet sich ein 70-Tonnen-Raupenkran von Kobelco an Bord. Die Unterkünfte für die Besatzung sind beheizt und klimatisiert, sodass Arbeiten unter klimatischen Bedingungen von –20 °C bis +45 °C möglich sind.

Typ/Eigner:	Saipem 7000
Bauwerft:	Fincantieri
Maschine:	dieselelektrisch
Leistung:	41.000 kW
Generatorleistung:	90.992 kW
Ballastsystem:	40 Ballasttanks, 14 Schnellballasttanks, 4 Trimmpumpen
Gesamttragfähigkeit des Decks:	15.000 t
max. Geschwindigkeit:	9,5 kn
Maße (L x B x H in m):	198 (über alles) x 87 x 43,5 (Kiel zu Deck)
Hauptkräne:	2 x 7000 t
Hilfskräne:	2500 und 900 t
Besatzung:	725
Baujahr:	1987

Saipem 7000

Das Fundament einer Umspannstation mit Hubschrauberlandeplatz wird gesetzt.

ERRICHTERSCHIFFE

Das Wort „Errichterschiff“ steht nicht im Duden. Erst recht nicht der Begriff, dessen „Abkürzung“ das Wort sein soll: Offshore-Windkraftanlagen-Errichterschiff. Typisch deutsche Begriffsbildung? Das Wort ist so jung wie die Sache selbst; 1991 ging vor Dänemark der erste Offshore-Windpark in Betrieb. In küstennahen Gewässern setzte man zur Errichtung der Anlagen zunächst Hubinseln ein. Wenig später übernahmen umgebaute Frachter als Kranschiffe die Arbeit in tieferen Gewässern. Die dritte und vierte Generation waren speziell konstruierte Errichterschiffe bzw. Halbtaucher für den Hochseeeinsatz. Diese Entwicklung vollzog sich in einem Zeitraum von ca. 20 Jahren. Heutige Errichterschiffe zählen zur Klasse der Schwertransportschiffe (Heavy Lift Vessel).

Die Plattfom wird von der Transportbarge gehoben.

SEAWAY HEAVY LIFTING – OLEG STRASHNOV

Die Oleg Strashnov ist eines der derzeit modernsten Errichterschiffe. Es wurde 2011 gebaut und verfügt über eine innovative Rumpf-Geometrie. Das gibt dem Fahrzeug eine stabile Lage und ermöglicht sicheres und effektives Arbeiten. Obwohl es eine Transitgeschwindigkeit von 14 Knoten erreichen kann (und damit schneller ist als die meisten Schiffe seiner Klasse), besitzt es die Stabilität eines Katamarans. Kranarbeiten sind bis zu 2,50 Meter Wellenhöhe und einer Windgeschwindigkeit von 17 Metern pro Sekunde möglich. Sechs Hauptmaschinen mit je 4500 kW sorgen für Kraft und Geschwindigkeit. Der Hauptkran kann Lasten bis 5000 Tonnen in Hubhöhen bis 100 Meter bewältigen. Der kleinere Hilfskran ist für 800 Tonnen Last ausgelegt mit einer Hubhöhe von 132 Metern. Ein weiterer Hilfskran schafft 200 Tonnen.

Für 220 bis 395 Personen Besatzung sind Unterkünfte und Versorgungseinrichtungen vorgesehen. Da Errichterschiffe üblicherweise über längere Zeit in einem Seegebiet (bzw. Baugebiet) bleiben, ist achtern (in gebührender Entfernung zum Hauptkran) ein Hubschrauberlandeplatz für den Besatzungswechsel (und für eiligen Nachschub) errichtet worden.

An Deck befinden sich großzügig bemessene Flächen für die Ladung (ca. 3700 m^2 und Kapazität für 8500 Tonnen). So erweist sich die Oleg Strashnov als ideales Errichterschiff für die Installation sehr großer und sehr schwerer Konstruktionselemente unter Hochseebedingungen. Dabei kommt das Gerät sowohl bei Öl- und Gasförderanlagen als auch bei Offshore-Windparks zum Einsatz.

Typ	Oleg Strashnov
Bauwerft:	IHC Merwede
Maße (L x B x T in m):	183 x 47 x 18
Maschinen:	Wärtsilä, diesel-elektrisch
Verdrängung:	77.210 m^3
Tiefgang:	8,5–13,5 m
Hauptkran:	5000 t
Hilfskräne:	800 t, 200 t
Baujahr:	2011
Eigner:	Seaway Heavy Lifting Engineering
Besatzung:	220 – 395

Die Dimension des Hauptkrans der Oleg Strashnov wird besonders deutlich im Vergleich zu den Containerbrücken im Hintergrund der Hafenanlage.

ERRICHTERSCHIFF OLEG STRASHNOV

DanTysk Offshore Wind
VATTENFALL
Strukton
Hollandia
JointVenture

ERRICHTERSCHIFF PACIFIC OSPREY

Pacific Osprey, angehoben, auf Stützen

EINSATZ IM DANTYSK WINDPARK

Westlich der Insel Sylt und unmittelbar an der Grenze zu Dänemark erstreckt sich der Offshore-Windpark DanTysk – einer der ersten großen Meereswindparks, die an der deutschen Nordseeküste gebaut wurden. Das Gemeinschaftsprojekt von Vattenfall und den Stadtwerken München versorgt heute ca. 400.000 Haushalte mit regenerativer Energie.

Der große Drehkran der Pacific Osprey von achtern

Pacific Osprey am Einsatzort

Die Pacific Osprey ist ein Errichterschiff der neuesten Generation und gehört zur Klasse der sogenannten Jack-up Vessels. Typisch für diese Klasse von Errichterschiffen: Am Einsatzort werden Stützbeine (bei der Pacific Osprey sind es sechs) ausgefahren und das Schiff auf dem Meeresgrund stabil aufgesetzt, sodass es die Funktion einer festen Arbeitsplattform übernehmen kann.

Vattenfall charterte für die Installation von 80 Siemens-Windkraftanlagen das Errichterschiff Pacific Osprey. Unter zypriotischer Flagge fahrend wird es von der dänischen Reederei Swire Blue Ocean betrieben. Der Neubau kann eine Transitgeschwindigkeit von 13 Knoten erreichen. Das Gerät kann gleichzeitig bis zu 12 Turbinensätze transportieren. Im Einsatzgebiet ist das Errichterschiff in der Lage, auch bei 2,5 Meter hohen Wellen und Windgeschwindigkeiten von 20 Metern pro Sekunde noch sicher und präzise zu arbeiten. Aufgabe der Pacific Osprey im Windpark DanTysk (deutsch: „DänischDeutsch“) war es, die Turbinen auf die Fundamente zu setzen, die zuvor von dem Multifunktionsschiff Seafox 5 gesetzt worden waren.

Auch wenn die Pacific Osprey eines der modernsten und größten Errichterschiffe im Nordseeraum ist: Die Installation des Umspannwerks in einem Stück im DanTysk-Windpark musste es dann doch dem stärkeren Errichterschiff Oleg Strashnov überlassen.

Typ:	Pacific Osprey
Tragkraft Hauptkran:	1200 t
Anzahl Stützen:	6
Höhe der Stützen:	58 m
Maße (L x B x T in m):	161 x 49 x 10,4
max. Arbeitstiefe:	58 m
Baujahr:	2012
Besatzung:	111

DT
41
PACIFIC OSPREY
LIMASSOL
DanTysk Offshore Wind
VATTENFALL
SWM

ERRICHTERSCHIFF PACIFIC OSPREY

MOBIL IM HAFEN

Als Erich Sennebogen mit 21 Jahren in Pilling bei Straubing ein Unternehmen zur Produktion landwirtschaftlicher Maschinen gründete, dürfte er kaum geahnt haben, dass der Namer Sennebogen zur Weltmarke für Krananlagen, Bagger und Lademaschinen werden würde. Schon 1960 verließ der 1000. Autobagger von Sennebogen das Werk. 1969 entwickelte Sennebogen den ersten vollhydraulischen Seilbagger der Welt. Seit den 1970er-Jahren ist Sennebogen im Krangeschäft erfolgreich. In den 1980er-Jahren entstanden wegweisende Geräte für den effektiven Materialumschlag.

SENNEBOGEN 6200 HCC

Der Sennebogen 6200 benötigt keine Abstützung und kann deshalb optimal zur Ladung positioniert werden.

Gegenüber schienengebundenen Hafenkränen haben Hafenmobilkräne den enormen Vorteil der Beweglichkeit und der flexiblen Einsetzbarkeit. Der Sennebogen 6200 rollt auf seinem Raupenfahrwerk dorthin, wo er gebraucht wird. Dem steht nicht entgegen, dass er auch anders montiert werden kann. Der Rohrpylon macht es möglich, den Kran von seinem Raupenfahrwerk auf ein schienengebundenes Portalfahrwerk bzw. auf einen mehrachsigen Unterwagen zu versetzen oder ihn ortsfest zu installieren.

Für den Transport des Krans zum Einsatzort sind mindestens vier Sattelauflieger erforderlich: ein Wagen für den Turm, ein Wagen für den Oberwagen des Krans, zwei Wagen für Stützen und Gitterausleger und gegebenenfalls ein weiteres Fahrzeug für weitere Zubehörteile. Soll mit Oberwagenballast gearbeitet werden, muss der auch gesondert transportiert werden.

Der Breitspur-Raupenunterwagen hat ein wartungsfreies Traktorenlaufwerk mit hydraulischer Kettenspannung. Die Flachbodenplatten des Laufwerks sind 1200 mm breit, dadurch verringert sich die Bodenbelastung deutlich. Der Kran kann optimal positioniert werden, weil er keine Abstützung benötigt. Als Motor wurde ein Caterpillar C 18 verbaut; er ist optional mit den US-amerikanischen Abgasnormen Tier II oder Tier III erhältlich.

Typ/Hersteller:	Sennebogen 6200 HCC
max. Traglast:	122 t
max. Hubhöhe:	140 mm
Ausleger:	52,3 m
Gegengewicht:	bis 66 t + 30 t
Maße (L x B x H in mm):	8800 (Kettenschiff) x 7200 (Laufwerk) x 16.415 (bis Kabine)
max. Hakenhöhe:	69 m
Motorleistung:	570 kW (Tier II)

Hafenraupenkran Sennebogen 6200 HCC (linke Seite)

Terex CC 9800 im Betrieb des Schwerlastspezialisten Sarens

TEREX – DAS GROSSE HEBEN

Der Baumaschinenkonzern Terex, einer der größten Baumaschinenhersteller der Welt, besitzt zahlreiche Tochterunternehmen und ebenso zahlreiche Namen- und Markenrechte, die nach und nach mit der Marke Terex konsolidiert werden sollen. Da die Tochtermarken einerseits auch untereinander fusionieren, andererseits Unternehmensteile wieder veräußert werden (Terex O&K wurde 2010 an Bucyrus International verkauft, das wiederum seit 2011 zu Caterpillar gehört), entsteht bei den Marken- und Herstellernamen manchmal etwas Verwirrung. In Deutschland unterhält Terex zwei Tochterunternehmen: die Terex Deutschland GmbH (mit den Marken Terex Kaelble, Terex Schaeff, Noell und Terex/Fuchs) und die Terex Crane Germany GmbH in Zweibrücken. Die Raupenkräne CC 8800, CC 8800 Twin und CC 9800 gehören zur gleichen Produktgruppe und ähneln einander.

TEREX CC 9800 & CC 8800-1 TWIN

Verfahrbar auf Raupen unter voller Last: Das ist zweifellos eines der Highlights, mit denen der Raupenkran CC 8800-1 Twin glänzen kann. Der Zusatz „Twin“ steht im Namen, weil man gegenüber dem Basismodell die Ausleger verdoppelt hat. Mit SWSL/SFSL-Ausleger kann eine Hakenhöhe von über 220 Metern erreicht werden. Die Kombinationsmöglichkeiten verschiedener Ausleger und Wippspitzen sind vielfältig. Beim Transport wiegt keines der Einzelteile mehr als 60 Tonnen; das Transportmaß von 3,50 m wird nicht überschritten. Das Raupenfahrwerk des Unterwagens hat eine Spurbreite von 14 Metern. Auf dem Oberwagen sind Gegengewichte von 135 Tonnen installiert. Im Superlift-Modus sichern weitere 780 Tonnen Gegengewicht auf einem Nachläufer den Kran.

Neben dem CC 8800-1 Twin könnte man den CC 9800 geradezu für grazil halten. Dieser neue Kran von Terex basiert auf dem 8800-1 und verwendet auch weitgehend die gleichen Maschinenkomponenten. Eine maximale Hakenhöhe von 230 Metern und eine maximale Tragkraft von 1600 Tonnen zeichnen diesen Kran aus. Eingesetzt werden Kräne dieser Dimension überwiegend im Chemieanlagen- und Kraftwerksbau sowie für große Infrastrukturprojekte und Windkraftanlagen.

Typ/Hersteller:	Terex CC 8800-1 Twin
Hauptausleger:	69–117 m (SSL)
Hilfsausleger:	42–117 m (SWSL)
Hubwerk:	4 Winden
Tragkraft:	3200 t
Geschwindkeit:	400–800 m/h
Superlift-Gegengewicht:	780 t auf Nachläufer
Hubgeschwindigkeit:	max. 120 m/min

WOHIN DAMIT –

Das ist die Grundfrage allen Transports, auch auf Baustellen und im Bergbau. Material fällt an. Erde, Schutt, Abraum, Erz, Kohle, Steine, Ölsand. Der Transport von Massen, die sich schütten lassen, hat eine ganz eigene Kategorie von Kraftfahrzeugen hervorgebracht. Riesen sind darunter, die ein dreistöckiges Haus überragen. Aber selbst um die kleineren dieser Riesen zu befüllen, müsste ein alter Mann schon sehr lange graben.

WOMIT DAHIN?

BELAZ 75710 – DER WELTREKORDLER

BELAZ

BelAZ, das weißrussische Unternehmen mit Sitz in Schodsina östlich von Minsk, hat schon zu Sowjetzeiten schwere Bau- und Bergbaufahrzeuge gebaut. Heute gehören neben Großmuldenkippern, die überwiegend in Erz- und Kohlenminen eingesetzt werden, vor allem schwere Radlader, Fahrbetonmischer und Flugzeugschlepper zum Produktionsprofil. BelAZ wurde 1958 für seine Kipper berühmt, als in einer Fabrik bei Schodsina erstmals ein schwerer Kipper mit einer Zuladung von 25 Tonnen montiert wurde. Die Konstruktion und die Teile stammten noch aus dem Automobilwerk Minsk. 1961 erschien der Prototyp des BelAZ 540; mit dieser Eigenentwicklung begann die Geschichte einer der erfolgreichsten Baureihen schwerer Muldenkipper. Heute bietet BelAZ serienmäßig gefertigte Muldenkipper von 30 bis 360 Tonnen Nutzlast an. Der erstmals im September 2013 präsentierte Weltrekordler, der 75710 mit 450 Tonnen, befand sich von Juli 2014 bis Mai 2015 in der Erprobung und zeigt nun was er im harten Bergbaualltag der sibirischen Kohlemine Tschernigovez (bei Kemerovo) tatsächlich zu leisten im Stande ist. Bei BelAZ ist man überzeugt, dass die Nachfrage nach dem „Riesentruck" sehr schnell ansteigen wird, da die schnelle Beseitigung von nichtverwertbarem Abraum in Zukunft eine immer größere Bedeutung für die Wirtschaftlichkeit der Tagebauminen haben wird.

Großmuldenkipper BelAZ 75710

Der BelAZ 75710 auf dem heimatlichen Werksgelände im weißrussischen Schodsina.

Die riesige Kippmulde des 75711 fasst 450 Tonnen Material.

Oft gibt es bei Monstermaschinen in Rekordfragen einen Ranglistenstreit, der auf unterschiedlichen Interpretationen dessen beruht, was das Größte, Höchste oder Schwerste ist. Beim BelAZ 75710 scheint das hingegen völlig klar: Er ist länger als der Terex Titan und er verkraftet eine Zuladung, bei der jeder Konkurrent zusammenbrechen würde. 450 metrische Tonnen sind Weltrekord. Bei einem Test im Januar 2014, meldet die russische Nachrichtenagentur Sibnovosti, sind drei der Muldenkipper bis an die Belastungsgrenze mit 503,5 Tonnen beladen worden. Damit gilt der 75711 als der größte in Serie gebaute Muldenkipper der Welt. Nur mit der Serie lässt es sich etwas langsamer an. Während das erste Fahrzeug intensiv getestet wird, ist das zweite Mitte 2015 gerade fertiggestellt worden und das dritte befindet sich gleichzeitig im Stadium der Endmontage.

BELAZ 75710

Dass der Muldenkipper 75710 mit zwei 16-Zylinder-Dieselmotoren ausgestattet ist, die eigentlich als Schiffsdiesel entwickelt wurden, lässt schon erahnen, welche Kraftentfaltung von ihnen erwartet wird. Die Motoren stammen aus dem Hause MTU Friedrichshafen. Auch andere Bauteile sprechen von internationaler Beteiligung. Die Fahrantriebe – Elektromotoren an jedem Achsschenkel – stammen von Siemens. Die Reifen – mit einem Durchmesser von über vier Metern und einem Gewicht von 5300 Kilogramm – wurden von Bridgestone hergestellt. Acht Reifen braucht der BelAZ; auch die Vorderräder sind doppelt bereift. Lenkbar sind beide Achsen. Angetrieben werden alle vier Räder.

Beim BelAZ 75710 ist alles riesig, nicht nur die Außenmaße, sondern auch das was im Innern verborgen ist. Allein das Kühlsystem der Motoren hält 890 Liter Kühlflüssigkeit in Umlauf. An Schmiermitteln befinden sich zweimal 269 Liter Öl in jeder Druckumlaufschmierung. 1800 Liter Hydraulikflüssigkeit befinden sich in den Systemen des Fahrzeugs. In den beiden Tanks für die Dieselmotoren führt der Kipper 5600 Liter Treibstoff mit sich. Auch wenn Diesel leichter als Wasser ist: Mehr als viereinhalb Tonnen allein an Kraftstoff fallen dennoch an.

Der erste 75710 wurde im September 2013 der Öffentlichkeit präsentiert. Der Rekordhalter macht überall Furore, wo er sich zeigt. Von Juli 2014 bis Mai 2015 war er einer intensiven Dauererprobung in einem sibirischen Kohletagebau unterzogen. Dort wird er, unter schwierigen topografischen und meteorologischen Bedingungen, selten Gelegenheit haben, zur Höchstgeschwindigkeit aufzulaufen. Aber 40 km/h mit Last und 10 Prozent Steigung sollten dann immer noch realistisch sein.

Typ/Hersteller:	BelAZ 75710
Motor:	2 MTU DD16V4000
Zylinder:	16 (V)
Hubraum:	2 x 65.000 cm^3
Leistung:	3430 kW (bei 1900 U/min)
Zuladung:	450 t
Tank:	2 x 2800 l
max. zul. Gesamtmasse:	810 t
Maße: (L x B x H in mm):	20.600 x 9870 x 8165
Höchstgeschwindigkeit:	64 km/h
Radstand:	8000 mm
Kraftübertragung:	dieselelektrisch, Siemens MTM 500

Ein 75710 in der Endmontage bei BelAZ

Blick in den Tagebau Hambach

CATERPILLAR

Caterpillar ist der derzeit weltgrößte Hersteller von Baumaschinen. Von den 55 Mrd. US-Dollar Konzernumsatz (2014) entfallen allein ca. 20 Mrd. auf den Unternehmensbereich „Construction Industries". Seinen Anfang nahm das Unternehmen 1925 beim Zusammenschluss der Holt Manufacturing Company mit der C. L. Best Tractor Company. Benjamin Holt war 1904 einer der Ersten, der ein funktionierendes Kettenfahrwerk für Traktoren entwickelt hatte. Aus dieser Produktsparte entstand der Name Caterpillar, der – zoologisch – Raupe bedeutet und sich wie im Deutschen auf die sich raupenähnlich bewegenden Gleisketten bezieht.

CAT 777

Sie sehen schon äußerlich nicht mehr wie „normale" Straßenfahrzeuge aus und sind für den Verkehr auf der Straße auch nicht konstruiert worden: die Großmuldenkipper, die überwiegend für den Betrieb in Tagebauen, in Steinbrüchen oder auf Großbaustellen mit großen Erdbewegungen eingesetzt werden. Im angelsächsischen Sprachgebrauch werden die Großmuldenkipper als „Haul Trucks" bezeichnet. Damit sind Fahrzeuge gemeint, die im Bergbau, in Steinbrüchen oder auf Großbaustellen eingesetzt werden und die nicht für den Straßenverkehr zugelassen sind. Charakteristisch für diese Fahrzeugklasse ist die starre Bauweise. Im Gegensatz zur Knickgelenksteuerung der englisch „Articulated Dump Trucks" genannten Fahrzeuge spricht man daher auch von „Rigid Dump Trucks". Dass Fahrzeuge dieser Art für den Straßenverkehr ungeeignet sind, kann man sich mit einem einfachen Blick auf die Maße vorstellen: Mit Breiten von sechs bis zehn Metern hätten die kleineren Fahrzeuge auf einer zweispurigen Autobahn gerade noch Platz, die größeren würden eine dreispurige Autobahn ganz für sich allein beanspruchen.

Der 777 von Caterpillar ist ein Standardfahrzeug der 100-tons-Klasse (tons = amerikanische short tons = ca. 90,7 metrische Tonnen). Mit etwas „Berg" kann er auch rund 99 Tonnen schaffen. Das Fassungsvermögen seiner Kippmulde beträgt 64 m^3. Er begann seine Karriere 1975 als Kipper für 85 short tons (ca. 77 Tonnen) und eroberte die Tagebau-Minen im Sturm. Er verkaufte sich in Tausenden Exemplaren weltweit. Mit dem Upgrade 1984 wuchs die Kapazität um 10 tons. 1996 wurde die Modellreihe D eingeführt und der Kipper erreichte nun die 100-tons-Klasse. Die gegenwärtig aktuellste Baureihe ist die Reihe G. Der Kipper kann mit drei unterschiedlichen Mulden geliefert werden. Caterpillar, der Praxis zugewandt, hat die 777er so konstruiert, dass sie auch mit deutlicher Überlast noch zuverlässig funktionieren.

Typ/Hersteller:	CAT 777 G
Motor:	CAT C 32 ACERT
Zylinder:	12
Hubraum:	32.100 cm^3
Leistung:	465 kW
max. Zuladung:	99,4 t (110 %)
max Gesamtmasse:	164,65 t
Maße (L x B x H in mm):	11.776 x 4166 x 3746 (Kabinendach)
Höchstgeschwindigkeit:	67 km/h
Getriebe:	7 Vorwärtsgänge, 1 Rückwärtsgang
Antrieb:	Hinterachse

Der Fahrer ersteigt seinen 777C.

CAT 777 im Straßenverkehr: Auf einen Tieflader gesetzt beansprucht der Truck als Ladung mehr als die Fahrbahnbreite.

CATERPILLAR
785C
785C
54004

CAT 785

Mit dem CAT 785 stieß Caterpillar in die nächste Größenklasse der Großmuldenkipper vor – in die 150-tons-Klasse. Das Fahrzeug kam 1985 auf den Markt. Schon ein Jahr später folgte der nächste Schub. Mit dem Modell 789 wurde die 200-tons-Klasse erreicht. Wie üblich erfolgte die Klassifizierung nach dem US-amerikanischen System der short tons. In metrischen Tonnen, wie in Europa üblicherweise angegeben, betrug die normale Zuladung 136 bzw. 177 Tonnen. Mit den Größenklassen wuchsen verständlicherweise die äußeren Dimensionen und die „inneren Werte". Der Radstand betrug beim Modell 785 ganze 5182 mm, beim Modell 789 schon 5700 mm. Ein VW Golf VII mit seinen viereinhalb Metern Länge könnte zwischen den Rädern bequem einparken. Wenn es mal nicht nur um Kohle und Erz ging, hielt Caterpillar Spezialausführungen als Tieflader, Tanker oder Wassertanker vor.

CAT 785C mit gehäufter Ladung

Typ/Hersteller:	CAT 785
Motor:	CAT 3512B-EUI
Zylinder:	16
Hubraum:	51.800 cm³
Leistung:	1082 kW (bei 1750 U/min)
Ladevolumen:	74 m³ (gehäuft bis 91 m³)
Nutzlast:	136 t
max Gesamtmasse:	249,5 t
Maße (L x B x H in mm):	11.024 x 6277 x 5769
Höchstgeschwindigkeit:	55 km/h
Getriebe:	6 Vorwärtsgänge, 1 Rückwärtsgang
Bodenfreiheit:	987 mm

Wenn es einmal nicht um Kohle und Erz geht: Fahrgestell eines CAT 785 als Tieflader „Lowboy"

CAT 793

Cat 793 mit Vergleichsperson

Den nächsten Coup in Richtung riesiger Muldenkipper landete Caterpillar 1990. Dieses Modell festigte Caterpillars Rang in der Weltliga der Produzenten von Großmuldenkippern. Wie bei anderen Typen ergab sich beim 793 im Lauf der folgenden zweieinhalb Jahrzehnte eine Verstärkung der Motorleistung und der Zuladung von Baureihe zu Baureihe. Die Baureihe F repräsentiert das gegenwärtig aktuellste Muster.

Auch für diesen Kipper bietet Caterpillar verschiedene Mulden an, zum Beispiel mit beidseitig ansteigendem, V-förmig vertieftem Boden, mit flachem Boden und im „Mine Specific Design“ (MSD), optimiert für die größtmögliche Zuladung bei möglichst geringen Transportkosten pro Tonne.

Entsprechend den Bauweisen anderer Hersteller hat man auch bei Caterpillar über den alternativen dieselelektrischen Antrieb nachgedacht und erwogen, neben dem mechanischen Truck 793F eine dieselelektrische Version 793FC zu stellen. Der nachfolgende CAT 795FAC war der erste von vornherein dieselelektrische Truck.

CAT 793F

Typ/Hersteller:	CAT 793
Motor:	CAT 3516A
Zylinder:	16 (V)
Hubraum:	69.000 cm^3
Leistung:	1715 kW (bei 1750 U/min)
Ladevolumen:	96 m^3 (gehäuft bis 129 cm^3)
Nutzlast:	218 t
max. Leermasse:	113,5 t
Maße (L x B x H in mm):	12.870 x 7410 x 6430
Höchstgeschwindigkeit:	54 km/h
Getriebe:	6 Vorwärtsgänge, 1 Rückwärtsgang
Bodenfreiheit:	923 mm

CAT 793C

Mit ihm erreichte Caterpillar die Königsklasse der ultragroßen Muldenkipper. Er steht bzw. fährt neben Riesen von Komatsu und Liebherr. Am 29. September 1998 enthüllte man im Caterpillar-Montagewerk Decatur, Illinois, den ersten fertig montierten 797er. Die ersten beiden Exemplare wurden auf dem Testgelände in Arizona harten Prüfungen unterzogen. Im zweiten Quartal 1999 kamen die Exemplare drei und vier dazu. Das Modell überzeugte und die Bingham Canyon Mine in Utah kaufte die ersten 797er.

Auch der große 797er blieb dem Caterpillar-Prinzip des mechanischen Antriebs treu, während Liebherr, Bucyrus oder BelAZ bei ihren Spitzenmodellen auf einen dieselelektrischen Antrieb setzten. Schon 2002 setzte sich Caterpillar mit der Baureihe B erneut in Szene. Die äußeren Maße wuchsen zwar nur gering – gering im Verhältnis zu den ohnehin schon riesigen Dimensionen. Dafür stiegen Einsatzgewicht, Motorleistung und Ladekapazität. Das Grundmodell hatte 1999 327 metrische Tonnen nominale Nutzlast, das Modell B 2002 345 Tonnen, und im Jahr 2008 wartete Caterpillar mit dem Modell F mit 363 Tonnen auf. In Serie ging die dritte Generation der 797er dann 2009.

Alle sechs Reifen übereinandergestapelt erreichen ungefähr die Höhe eines dreistöckigen Hauses: 9,53 Meter. Jeder Reifen – Spezialanfertigungen von Michelin – kostete 2009 42.500 US-Dollar.

Die Dimension der Kippmulde, die 240 bis 267 m³ fasst, erkennt man am klarsten in einer besonderen Location im Besucherzentrum von Caterpillar in Peoria: Ein Kinosaal mit 62 Plätzen ist in der Mulde eingerichtet worden; er eignet sich besonders für Schulungsveranstaltungen, Präsentationen und Mitarbeitermeetings.

CAT 797

Typ/Hersteller:	CAT 797
Motor:	CAT C 175-20 ACERT
Zylinder:	20 (V)
Hubraum:	106.000 cm^3
Leistung:	2828 kW
max. Nutzlast:	363 t
Leermasse:	623,69 t
Maße (L x B x H in mm):	15.080 x 9755 x 6526 (Kabinendach)
Höchstgeschwindigkeit:	68 km/h
Getriebe:	7 Vorwärtsgänge, 1 Rückwärtsgang
Antrieb:	Hinterachse

CAT 797 wird von einem „passenden" Bagger CAT 7495 beladen.

CAT 797F, die neueste Generation der ultragroßen Muldenkipper, sauber aufgereiht vor ihrem Einsatz in einem Tagebau. Bis zum Führerstand muss man die Treppe in den zweiten Stock besteigen.

Kino- und Vortragssaal in der Mulde des CAT 797: Besucherzentrum von Caterpillar in Peoria (Illinois)

Euclid R130 mit gekippter Mulde

EUCLID

Euclid R170

Die Euclid Company of Ohio war ein führendes Unternehmen der Baumaschinenindustrie in den 1920er- bis 1950er-Jahren. Namentlich große Muldenkipper und Schürfzüge standen seit 1924 auf dem Produktionsprogramm. Euclid gehörte zu den ersten Unternehmen, die spezielle Offroad-Kipper entwickelten, während andere Unternehmen noch lange versuchten, normale Straßenfahrzeuge dem Einsatz in schwierigem Gelände anzupassen. 1954 verkauften die Firmengründer das Unternehmen an General Motors; nach einer Kartellrechtsklage musste GM das Unternehmen weiterverkaufen, das dadurch an Bedeutung verlor. Euclid ging einen verwirrenden Weg durch mehrere Konzerne (unter anderem Daimler-Benz und Volvo) und landete schließlich im Portfolio von Hitachi. Dort endete 2004 die Marke Euclid und das EuclidGelb wurde durch Hitachis Orange ersetzt.

R130 & R170

Euclid entwickelte und baute über Jahrzehnte große Muldenkipper und Erdbearbeitungsmaschinen. Die Muldenkipper waren überwiegend für den Einsatz in Steinbrüchen, auf Großbaustellen und im Bergbau bestimmt. Schalter und Bedienelemente waren zusammengefasst auf einer Armaturentafel untergebracht – bei einem Fahrzeug dieser Größenordnung nicht selbstverständlich: in bequemer Reichweite und im Blickfeld des Fahrers. Die Fahrerkabine (Kabine Typ II) wurde aus elf vorgefertigten doppelwandigen Stahlpassblechen gefertigt. Durch Schaumstoffverkleidungen im Inneren sowie durch lärm- und wärmedämmende Bodenmatten wurde ein größtmöglicher Komfort für den Fahrer angestrebt. Ein sechsfach verstellbarer, luftgefederter Fahrersitz gehörte zum Ausrüstungsstandard. Ein abnehmbarer Frontdeckel ermöglichte einen leichten Zugang zu wichtigen, nicht unbedingt wartungsfreien Motorelementen (wie etwa dem Luftfilter) und zur Fahrzeugelektrik.

Rahmen und Fahrwerk waren auch auf Höchstbeanspruchung ausgelegt. Gasdruckstoßdämpfer blieben auch bei extremen Belastungen voll funktionsfähig. Die Längsträger mit verjüngendem Querschnitt sorgten dafür, dass der Leiterrahmen weitgehend verwindungssteif blieb. Von diesen konstruktiven Eigenheiten profitierten alle Fahrzeuge der Euclid-Familie. Die Fahrzeuge R130 und R170 (die Zahlen geben die mittlere Kapazität in US-tons an) repräsentierten das mittlere Segment der Euclid-Muldenkipper. Der R170 war das Euclid-Flaggschiff in der Daimler-Benz-Zeit (1977–1984). Im unteren Segment waren der R32, der R40 und der R60 erfolgreich; im oberen wurden noch der R190 und der R260 mit 183 bzw. 238 metrischen Tonnen angeboten.

Typ/Hersteller:	Euclid R170
Motor:	Cummins KTA 50-C
Zylinder:	16 (V)
Hubraum:	50.300 cm^3
Leistung:	1193 kW (bei 1900 U/min)
Ladevolumen:	68,4 m^3 (gehäuft bis 97 m^3)
Nutzlast:	166 t
max. Gesamtmasse:	279 t
Maße (L x B x H in mm):	12.040 x 6380 x 5940
Höchstgeschwindigkeit:	55 km/h
Antrieb:	dieselelektrisch
Bodenfreiheit:	860 mm

Euclid R130

HITACHI

Hitachi EH 4500 – ein Muldenkipper in der Euclid-Tradition

Die 1985 gegründete VME-Group (aus Volvo und Clark Equipment Company) kooperierte 1992 mit Hitachi; beide bildeten die Euclid-Hitachi Heavy Equipment Inc., die in der Folgezeit die bestehende Produktlinie der Euclid-Muldenkipper fertigte und vertrieb. Euclid brachte 1996 den bis dahin größten Kipper, den dieselelektrisch betriebenen R260, heraus. Ein Jahr später folgte der noch größere R280. Im Jahr 2000 änderte Hitachi die Typenbezeichnungen; aus dem R260 und dem R280 wurden EH 4000 und EH 4500.

Hitachi Euclid EH 4500 mit gehäufter Ladung

EH 4500 & EH 5000

Hitachi EH 5000

Auch wenn die Marke Euclid auf der Kippmulde und auf dem Kühlergrill verschwand und das Hitachi-Orange schließlich das Euclid-Gelb verdrängte, ist doch an den Typenbezeichnungen die Kontinuität der Produktlinie nachzuvollziehen. Das EH steht für Euclid Hitachi. Das Unternehmen ließ es dabei nicht bewenden und entwickelte die Reihe weiter. 2003 offerierte man mit dem EH 5000 eine Weiterentwicklung.

Das Hitachi AC-Drive-System wurde in Zusammenarbeit mit Siemens entwickelt. Die elektrisch betriebenen Radmotoren sind mit unterschiedlichen Übersetzungen zu haben. Die Antriebe stehen ebenso für gute Beschleunigung wie für starke Bremswirkung – und für eine beachtliche Höchstgeschwindigkeit. Mit der schnellen Übersetzung erreicht das mit voller Ladung 500 Tonnen schwere Gefährt eine Höchstgeschwindigkeit von 67 km/h. Kein Wunder, dass der EH 5000 in Aktion eine Menge Staub aufwirbelt. Wichtiger noch sind die ausgezeichnete Steigfähigkeit bei stufenlosem Antrieb und der wartungsarme Betrieb bei hoher Lebensdauer.

Typ/Hersteller:	Hitachi EH 5000 AC-3
Motor:	Detroit Diesel DDEC IV 16V-4000
Leistung:	2014 kW
Maße (L x B x H in mm):	14.420 x 9050 x 6420 (Kabinendach)
Nutzlast:	290 t
Leermasse:	210 t
Geschwindigkeit:	67 km/h
Antrieb:	Siemens IGBT

Komatsu HD785

KOMATSU

Das Innere der Kabine eines HD 785-7 macht deutlich, dass Komatsu auch an die Fahrer denkt.

Komatsu ist der zweitgrößte Baumaschinenhersteller der Welt. Der japanische Industriekonzern mit Sitz in Minato (Präfektur Tokio) wurde 1921 gegründet und war jahrzehntelang fast ausschließlich in Asien präsent. In einigen Regionen Asiens hat Komatsu höhere Marktanteile als Caterpillar. Seit den 1980er-Jahren begann dank des Joint Ventures mit Dresser Industries und dessen Bergbausparte die weltweite Expansion. 1994 übernahm Komatsu die Dresser-Anteile am gemeinsamen Unternehmen. Besonders die Produktlinie der großen Muldenkipper war für Komatsu von besonderer Bedeutung. Der bei Dresser „Haulpak“ genannte Fahrzeugtyp wurde weiterentwickelt. Der Name Haulpak ging noch auf LeTourneau-Westinghouse zurück. Später wurde er vom Hersteller Wabco verwendet und war schließlich so populär, dass er in der Baumaschinenbranche als Begriff für große Muldenhinterkipper schlechthin benutzt wurde.

HD785

Typ/Hersteller:	Komatsu HD 785
Motor:	Komatsu SAA 12V 140E-3
Zylinder:	12 (V)
Hubraum:	30.500 cm^3
Leistung:	895 kW (bei 1900 U/min)
Ladevolumen:	40 m^3 (gehäuft bis 60 m^3)
Nutzlast:	91 t
max. Gesamtmasse:	166 t
Maße (L x B x H in mm):	10.290 x 5530 x 5050 (Kabinendach)
Höchstgeschwindigkeit:	65 km/h
Getriebe:	7-Gang-Getriebe (vollautomatisch)

Auch Komatsu hat einmal klein angefangen – zumindest, was die Maße der Muldenkipper anbetrifft. 1969 führte Komatsu den HD180 ein: mit 35 Tonnen Ladekapazität auf der Mulde. Das war der einzige Off-road-Truck zu dieser Zeit. In den 1970er-Jahren setzte dann eine stürmische Entwicklung ein, die vom HD180 bis zum HD1200 mit ca. 120 Tonnen Zuladung führte. Alle Fahrzeuge waren mechanisch angetrieben, nur der HD1200 wurde optional auch mit dieselelektrischem Antrieb angeboten. Das Modell HD785 wurde 1980 herausgebracht (ursprünglich mit 87 Tonnen Kapazität; spätere Upgrades vergrößerten die Lademenge bis auf 91 Tonnen beim Modell 785-7).

Der HD785 war eines der erfolgreichsten Fahrzeuge dieser Klasse. Dafür spricht auch die stetige Weiterentwicklung. Die Baureihe 785-7 wurde 2007 eingeführt. Sie kann mit niedrigem Kraftstoffverbrauch und niedriger Lärmbelastung punkten. Das Vehicle Health Monitoring System (VHMS) überwacht alle kritischen Arbeitszustände der Maschine.

Komatsu HD785 in voller Fahrt

KOMATSU 930E

Typ/Hersteller:	Komatsu 930 E-4
Motor:	Komatsu SSDA 16V-160
Zylinder:	16 (V)
Hubraum:	60.000 cm^3
Leistung:	1902 kW (bei 1900 U/min)
Ladevolumen:	171 m^3 (gehäuft bis 211 m^3)
Nutzlast:	292 t
max. Gesamtmasse:	506 t
Maße (L x B x H in mm):	15.600 x 8690 x 7370
Höchstgeschwindigkeit:	65 km/h
Antrieb:	dieselelektrisch
Bodenfreiheit:	940 mm

KOMATSU
930E-4
11

KOMATSU
KOMATSU

Komatsu 930E-4 (linke Seite oben und unten)

KOMATSU 930E

Ein Komatsu 930 wird von einem Bucyrus 495H beladen.

Der Muldenkipper 930E von Komatsu gehört zu den erfolgreichsten Modellen des japanischen Baumaschinenherstellers. Das Modell wurde im Mai 1995 eingeführt. Hersteller ist die Komatsu America Corp. in Peoria, Illinois. Er war bei seiner Einführung der erste Kipper der sogenannten Ultra-Klasse (Kapazität mehr als 300 US short tons) Obwohl der 930E weder das größte Fahrzeug noch der Kipper mit der größten Nutzlast ist, wird er als Flaggschiff der Komatsu-Produktlinie angesehen.

Seit 2008 testete man bei Komatsu das sogenannte „Autonome Haulage System" (AHS). Das Modell 930E-AT hat zwar noch eine Fahrerkabine, braucht aber keinen Fahrer mehr. Das System besteht aus Fahrzeug-Controller, einem GPS-Modul und einem System zur Hinderniserkennung, die in ein drahtloses Netzwerk integriert sind. Auch die „Schnittstellen" – Bagger und Radlader an den Aufnahme- und Entladeorten – sind in dieses Netzwerk eingebunden. Informationen über Wege, Positionen, Steigungen, Geschwindigkeit usw. erhält der Kipper nur noch von einem Zentralcomputer. Laut Komatsu ist dieses System das erste kommerzielle autonome Bergbau-Transportsystem weltweit. In großem Maßstab wird das System erstmals in Westaustralien, in der Eisenerzmine Paraburdoo bei Pilbara, eingesetzt. Dort werden jährlich 23 Millionen Tonnen Eisenerz gewonnen und die ersten 150 autonom fahrenden Muldenkipper werden in den Betrieb der 14 Abbaustätten eingebunden.

Wegen seiner enormen Ausmaße kann der 930E nicht auf öffentlichen Straßen gefahren werden. Er gelangt also auch nicht auf eigenen Rädern zu seinem jeweiligen Einsatzort, sondern muss zerlegt, in einzelnen Komponenten transportiert und am Bestimmungsort wieder zusammengebaut werden.

Komatsu 930E, dank AHS (Autonome Haulage System) für den fahrerlosen Betrieb geeignet. (Bilder linke Seite)

GIGANTEN VON LIEBHERR

Für manchen wird es vielleicht schwierig sein, Produkte wie Haushaltskühlschränke, Großmuldenkipper, Hafenkräne und Flugzeugkomponenten zusammenzubringen. Wer sich darüber wundert, wundert sich über Liebherr. Die Firmengruppe mit Hauptsitz in der Schweiz besteht aus mehr als 130 Unternehmen, die in neun Produktbereiche gegliedert sind. Man wird kaum an einer Baustelle vorbeigehen können, ohne ein Liebherr-Gerät zu bemerken. Mit den Muldenkippern T264 (218 Tonnen Nutzlast), 282 und T284 (363 Tonnen Nutzlast) konzentriert sich Liebherr auf die beiden oberen Nutzlastklassen. Seit Jahren bestimmt Liebherr den technischen Fortschritt im Sektor Bergbauausrüstungen mit.

Zwei Muldenkipper T284 in einer futuristisch anmutenden Darstellung von Liebherr. Neue Technologien erlauben ein sehr niedriges Leergewicht.

Typ/Hersteller:	Liebherr T282B
Motor:	MTU 20V4000 C22
Zylinder:	20 (V)
Hubraum:	90.000 cm³
Leistung:	2720 kW (bei 1900 U/min)
Nutzlast:	363 t
max. Gesamtmasse:	592 t
Maße (L x B x H in mm):	15.310 x 8990 x 7840
Höchstgeschwindigkeit:	64 km/h
Antrieb:	dieselelektrisch

Der Muldenkipper T264 ist mit seinen 218 Tonnen Nutzlast auf die optimale Zusammenarbeit mit Hydraulikbaggern, Elektrobaggern und Radladern der Ultra-Klasse ausgelegt. Am besten passt er natürlich zu den Hydraulikbaggern R996B und R9800 aus dem Hause Liebherr.

Das Litronic-Antriebssystem basiert auf einer starken Motorisierung (bis 2013 kW); das wirkt sich auf eine starke elektrodynamische Bremsleistung aus. Kraftstoffsparend kann der T264 bis zu 24 Stunden ohne Nachtanken betrieben werden.

Mit den Modellen T282 und T284 erreicht Liebherr die Ultraklasse. Liebherr lässt diese Maschinen in der Liebherr Mining Equipment Co. in Newport News, Virginia, fertigen. Motorisierungsvarianten von Cummins oder MTU können bis zu 2720 kW leisten. Mit der Version T282C können 400 Tonnen Nutzlast transportiert werden; dieser Liebherr ist nach dem weißrussischen BelAZ 75710 der zweitstärkste Großmuldenkipper. Eingesetzt werden die Fahrzeuge in Erz- und Kohleminen in den USA, Chile, Indonesien, Südafrika und Australien.

Liebherr T264 (rechte Seite)

T264, T282 & T284

TEREX 33-19 DER TITAN VON SPARWOOD

Das Gesicht des Titan

Nur wenige Großmuldenkipper waren als Dreiachser erfolgreich. Der Terex Titan ist ein Dreiachser. Er ist berühmt, aber wirklich erfolgreich war er nicht. Er begann seine Laufbahn 1975 in der Erzmine von Kaiser Steel in Kalifornien. General Motors hatte das Spitzenmodell 33-19 entwickelt in der Annahme, dass der weltweite Bedarf an Fahrzeugen dieser Art steigen würde. GM kam damit zur Unzeit. Die Entwicklung fiel in eine Zeit, in der Sparmaßnahmen, Effizienzsteigerungen und Konsolidierungen die Szene beherrschten. So ging das Modell nie in Serie; der Titan blieb ein Einzelstück, das heute als technisches Denkmal Besucher anzieht.

Die Maschine erlebte in den ersten vier Dienstjahren viele Ausfallzeiten, transportierte aber insgesamt 3,5 Millionen Tonnen Ladegut. Ende 1978 gelangte der Kipper in das Bergwerk Sparwood, British Columbia. Dort stand er bis 1991 im Dienst. Anschließend wurde er aufwendig restauriert und bekam auch seinen lindgrünen Anstrich zurück. Das Museumsstück in Sparwood ist allerdings nicht fahrbereit, der Motor wurde entfernt.

Typ/Hersteller:	Terex 33-19, genannt Titan
Motor:	EMD 16-645E4 V16
Leistung:	2238 kW
Maße (L x B x H in mm):	20.350 x 7800 x 6880
max. Nutzlast:	317,5 t. 115 m^3 (gehäuft 146 m^3)
Gesamtmasse:	554 t
Höchstgeschwindigkeit:	48 km/h
Antrieb:	dieselelektrisch

Ein Muldenkipper von beachtlichen Dimensionen

Was man nicht in Teile zerlegen kann, muss man im Ganzen transportieren: schwere Bauteile für Offshore-Bauwerke, Bohrplattformen, Meerwasserentsalzungsanlagen, Raumschiffe. Die größten Ladungen benötigen Transportmittel, die aus Teilen zusammengesetzt sind. Für sich genommen wirken sie bescheiden. Mit ihrer Ladung erst wachsen sie zu Giganten zusammen.

SCHWERE LADUNG

Modulare Transporter PST/LS-E mit dem Sockel eines Offshore-Bauwerks

GOLDHOFER

Typisch
Goldhof
Plattfor

Goldhofer ist eines der gefragtesten Unternehmen, wenn es um Maschinen für Schwerlast- und Spezialtransporte geht. Goldhofer produziert Anhänger, Sattelauflieger, Flugzeugschlepper, Flugzeugbergesysteme und selbstfahrende Modulfahrzeuge. Das Unternehmen führt seine eigene Geschichte auf eine Schmiede in Amendingen zurück. Alois Goldhofer (1922–1981) gründete 1946 die „Allgäuer Fahrzeugwerke Alois Goldhofer KG". In Memmingen entstand 1959 eine neue Produktionsstätte. 1979 errang Goldhofer einen Weltrekord für den schwersten Landtransport, einen 1200 Tonnen schweren Reaktorkessel auf einer Plattform-Kombination. 1989 entstanden die ersten Schwerlastmodule mit hydrostatischem Fahrantrieb.

MODULARE FAHRZEUGE

Modulare Schwerlastfahrzeuge von Goldhofer lassen sich zu den unterschiedlichsten Kombinationen zusammenbauen. Kombinieren lassen sie sich in Längs- ebenso wie in Querrichtung. Die Zahl der eingesetzten Module richtet sich nach der Masse der Last und nach der Art des Bauteils, das transportiert werden muss. Für sehr lange Bauteile können beispielsweise auch diverse Schwanenhälse und Transportbrücken eingesetzt werden. Die modularen Fahrzeuge funktionieren wie aus dem Baukasten. Außerdem können zahlreiche unterschiedliche Ladehilfen angesetzt werden. So lassen sich unterschiedliche Objekte von 80 bis über 10.000 Tonnen zuverlässig bewegen.

Die selbstfahrenden Schwerlastmodule, aus denen die Plattformen zusammengesetzt werden, besitzen einen hydrostatischen Fahrantrieb. Dabei wird dem Grundsatz nach Rotationsenergie eines Motors mittels einer Pumpe in Druck in einem hydraulischen System verwandelt, der am anderen Ende des Systems wieder in Rotationsenergie der Räder umgewandelt wird. Der hydrostatische Antrieb sichert ein ruckfreies und stufenloses Fahren auch unter höchsten Lasten. Die hydrostatisch angetriebenen Module der Baureihen PST lassen sich mit antriebslosen Modulen THP kombinieren.

Jedes einzelne Modul, jede Achslinie sieht für sich genommen bescheiden aus, unspektakulär, geradezu unauffällig. Erst im Zusammenwirken mit der transportierten Last wachsen Last und Plattform gewissermaßen zum Giganten zusammen, bilden eine organisch wirkende Transporteinheit von atemberaubenden Ausmaßen.

Typ/Hersteller:	Goldhofer PST/SL
Zugkraft:	160 kN pro Achslinie
Bereifung:	Zwillingsbereifung 215/75 R 17,5
Achslast:	45 t bei 1 km/h
Antriebsaggregate:	Deutz 155 kW Cummins 207 kW Deutz 360 kW Deutz 390 kW

Einsatzgebiet der modularen Schwertransporter ist beispielsweise die Chemieindustrie.

PST-MODULE FÜR „BERTHA“

Transport schwerer Ringsegmente für die Tunnelbohrmaschine „Bertha“ auf Goldhofer-Modulen

Große Baumaschinen werden für große Projekte gebraucht. Daraus entsteht meistens ein Problem: Wie bekommt man eine große Maschine über gewöhnliche Verkehrswege an genau den Ort, an dem sie gebraucht wird? Große Bau- oder Bergbaumaschinen brauchen andere Maschinen, die sie zusammensetzen oder aufrichten oder an den richtigen Platz befördern. Manche Teile lassen sich aber auf der Baustelle nicht einfach zusammensetzen, besonders Präzisionswerkzeuge wie der Bohrkopf einer Tunnelbohrmaschine. Um solche Teile am Stück zu transportieren, bedarf es der Kenntnisse und der Erfahrung eines Spezialisten für Schwertransporte – und des richtigen fahrbaren Untersatzes.

In Seattle wurde in jüngster Zeit ein Autobahntunnel gebohrt, der eine alte, durch ein Erdbeben beschädigte Straßenverbindung ersetzen sollte. Die Tunnelbohrmaschine, liebevoll „Bertha" getauft, musste vom Hersteller Hitachi Zosen an die amerikanische Westküste gebracht und dann vom Hafen an den Einsatzort gerollt werden. Allein der Transport des 2000 Tonnen schweren Herzstücks der Bertha war spektakulär. Der Schwerlastspezialist Barnhart benutzte Goldhofer-PST-Module. Nebeneinander liefen viermal 24 Achslinien; die schwersten Teile wurden also auf 96 Achsen transportiert. Das war selbst für Amerikaner, die mit großen Dimensionen umzugehen verstehen, ein außerordentliches Ereignis, das viel beachtet wurde. Kein Wunder also, dass das Washington State Department of Transportation regelmäßig in einem Internet-Blog über die Geschehnisse berichtete.

Bohrkopf der „Bertha" auf 96 Goldhofer-Achsen

KAMAG INDUSTRIE-TRANSPORTER

Der 1969 gegründete Ulmer Maschinenbaubetrieb KAMAG gehört wie die Unternehmen Scheuerle und Nicolas, zum Unternehmensverbund TII Group (Transport Industry International) des Heilbronner Unternehmers Otto Rettenmeier (geb. 1926). Als Rettenmeier KAMAG 2004 erwarb, wies er dem Unternehmen einen besonderen Platz bei Industrieschwertransportern und Werftausrüstungen sowie bei Luft- und Raumfahrt zu. Schon in den 1970er-Jahren hatte KAMAG erste NASA-Aufträge akquirieren können und hatte sich seither als Lieferant von Flachbett- und Modultransportern für Raumfähren, Triebwerke und andere Komponenten etabliert. Die Schwerindustrie, namentlich Stahlwerke, belieferte KAMAG mit schwerem Gerät für den innerbetrieblichen Transport.

KAMAG 2802-130 (rechte Seite)

KAMAG 2800

KAMAG 2802-130

Der Schlackenkübel in Absetzposition

Typ/Hersteller:	KAMAG Serie 2800 2802-130
Motor:	CAT C15
Leistung:	403 kW (bei 2100 U/min)
Zuladung:	130 t, 45 m^3
Leermasse:	82 t
Maße (L x B x H in mm):	11.900 x 7700 x 4350
Kippwinkel des Schlackenkübels:	130 Grad

Für Stahlwerke entwickelte KAMAG verschiedene Modellreihen von Schlackentransportern. Die Modellreihe 2800 repräsentiert die Schlackentransporter in U-Rahmen-Bauweise. Der Transporter mit der Typbezeichnung 2802-130 ist der bislang größte Transporter dieser Bauart. Das erste Modell dieser neuen Baureihe wurde an die Jindal Shadeed Iron & Steel in Oman ausgeliefert und dort einer ersten Bewährungsprobe unterzogen.

KAMAG arbeitet stets innovationsorientiert und konnte so die Trends der Industrie aufnehmen. Größere Konverter in den Stahlwerken, die eine höhere Produktivität sicherten, erforderten auch größere Fahrzeuge für den innerbetrieblichen Transport – zum Beispiel den sicheren Abtransport der anfallenden Schlacke. KAMAG hat sich mit der Serie 2800 diesen Anforderungen gestellt. Die gegenüber dem Vorgängermodell erhöhte Nutzlast ist dabei ebenso von Vorteil wie das U-Rahmen-Design, das die Aufnahmehöhe der Schlackenpfanne verringert und die Aufnahmezeit wesentlich verkürzt. Auch das Absetzen der Schlacke vereinfacht sich auf diese Weise. Die Schlackenpfanne selbst hat einen Durchmesser von 5800 mm und eine Höhe von 4350 mm. Sie fasst 45 Kubikmeter Material und wurde von KAMAG neu entwickelt. Die relativ flache Bauweise des Fahrzeugs, die das U-Rahmen-Design ermöglicht, nimmt besonders Rücksicht auf Einsatzorte mit eingeschränkten Höhen (zum Beispiel beim Durchfahren von Hallentoren). Die Antriebseinheit befindet sich im einachsigen Trailer, der mittels Gelenk mit dem Hinterwagen verbunden ist. Das Heck des Fahrzeugs umfährt gewissermaßen die Schlackenpfanne, umfasst sie und hebt sie auf die erforderliche Transporthöhe. Beim Absetzen der Schlacke kann die Pfanne bis zu einem Winkel von 130 Grad gekippt werden. Mit geringen Modifikationen kann dieser Industrietransporter auch für die Aufnahme flüssigen Stahls eingesetzt werden.

Meerwasserentsalzungsanlage für die vietnamesische Stadt Quang Ngai – in Position gerollt von 200 Achslinien Typ K 24 von KAMAG

Das koreanische Unternehmen Doosan baute eine Meerwasserentsalzungsanlage für Vietnam, die in einem Stück auf ein Transportschiff gebracht und nach Quang Ngai verschifft wurde. Wie bekommt man eine Anlage, 150 Meter lang, 50 Meter breit und 6000 Tonnen schwer, in einem Stück auf die richtige Position? Mit Achslinien von KAMAG. Die bewährten und variablen Module vom Typ K 24 lösten dieses Problem auch unter schwierigen klimatischen Bedingungen (41 °C im Schatten und 90 Prozent Luftfeuchtigkeit) mit der gewohnten Zuverlässigkeit. Allerdings mussten 30 Modultransporter aufgeboten werden, um die schwere Anlage auf 200 Achslinien zu befördern. Bei dieser „Schwarmbildung" kam dem Transportunternehmen entgegen, dass die Module verschiedener Generationen dank spezieller Schnittstellen miteinander kompatibel sind. Das gilt auch für die SPMT von Scheuerle.

KAMAG K 24 Achslinie

ACHSLINIE K 24

Die traditionell guten Beziehungen von KAMAG zur US-amerikanischen Raumfahrtbehörde NASA bestätigen sich auch im Fall der Achslinie K 24.

Schon seit den 1970er-Jahren lieferte KAMAG Modultransporter und andere Schwertransporteinheiten für Komponenten von Trägerraketen und für Raumgleiter. Die Raumfähre Endeavour, die als Ersatz für die verunglückte Challenger erst 1991 fertiggestellt worden war, absolvierte ihre letzte Fahrt nicht auf dem eigenen Fahrwerk; die letzten 20 Kilometer durch die Straßen von Los Angeles zum California Science Center, wo sie seit Oktober 2012 als technisches Denkmal ausgestellt ist, legte sie auf den Rädern der K 24 Achslinie von KAMAG zurück.

Typ/Hersteller:	KAMAG K 24
Länge 4-Achser:	5600 mm
Länge 6-Achser:	8400 mm
Breite:	2430 mm
Masse 4-Achser:	19 t (K2404 ST)
Masse 6-Achser:	27 t (K2406 ST)
Nutzlast 4-Achser:	173 t
Nutzlast 6-Achser:	261 t
Zugkraft 4-Achser:	120 kN
Zugkraft 6-Achser:	240 kN
Antrieb:	hydrostatisch

Raumfähre Endeavour auf dem Weg ins Museum; immer noch mobil dank K 24 von KAMAG

Road Train

MACK

Die Mack Trucks Inc. ist ein US-amerikanisches Traditionsunternehmen. Der Name dieses Nutzfahrzeugherstellers steht vor allem für schwere Lkws für den Fernverkehr und Baustellenbetrieb. Das Unternehmen wurde 1900 als Mack Brothers Company gegründet. Es ging aus einer Stellmacherei in Brooklyn, New York, hervor. Seit 1970 übernahm Renault nach und nach immer mehr Anteile an Mack, die an die eigene Tochter Renault Véhicules Industriels (RVI) weitergegeben wurden. 1990 übernahm RVI Mack vollständig. Mit RVI wurde Mack Teil der schwedischen Volvo-Gruppe. Das Gesicht der Fahrzeuge blieb dennoch typisch amerikanisch. Die Redewendung „built like a Mack truck“ spricht dafür (für einen starken, zuverlässigen amerikanischen Mann).

Mack Road Train mit Aufbauten für Schüttgut

ROAD TRAIN

Den Begriff „Road Train" kann man wörtlich mit „Landstraßen-Zug" übersetzen. Mit dieser Übersetzung hat man ein deutsches Wort für eine Sache, die es so in Deutschland und der Europäischen Union nicht gibt: eine besonders lange Lastwagen-Anhänger/Auflieger-Kombination. Während es auf nicht öffentlichen Straßen keinerlei Beschränkungen für die Länge eines Lastwagenzugs gibt – in Tagebauen verkehren Lastzüge mit bis zu 100 Meter Länge –, gelten im öffentlichen Verkehrsraum strengere Regeln. In Europa unternimmt man zwar Feldversuche mit langen Lastzügen (hier nennt man das EuroCombi), die wirklich langen Road Trains verkehren in Australien, Israel, Kanada und den Vereinigten Staaten. In den USA sind Züge mit drei angehängten Einheiten erlaubt. In Australien dürfen bis zu sechs Einheiten angehängt werden, so weit die gesetzlichen Grenzen.

Die technischen Grenzen für Road Trains liegen dort, wo die Antriebskraft der Zugmaschine nicht mehr ausreicht, um die Anfahrreibung des gesamten Zuges zu überwinden (von der Belastbarkeit des Getriebes abgesehen). Dennoch haben es Rekordversuche bis ins Guinness-Buch der Rekorde geschafft: 1999 schleppte eine Kenworth-Zugmaschine 46 Anhänger (Zuglänge 610 Meter) 8 Kilometer weit. 2006 bewegte ein Mack Titan einen Zug von 1474 Metern Länge (bestehend aus 112 Anhängern) ganze 140 Meter weit – und benötigte dafür im kleinsten Gang 50 Sekunden.

Neben den großen Trucks von Kenworth und Western Star gehört der Mack Titan zu den häufig an Road Trains eingesetzten Zugmaschinen.

Typ/Hersteller:	Mack Titan
Motor:	Cummins ISX Caterpillar C 16 Mack MP 10
Zylinder:	6 (Reihe)
Hubraum:	16.000 cm^3
Leistung:	451 kW (bei 1200 U/min)
Getriebe:	Mack 18-Gang

Tanklastzug mit drei angehängten Einheiten

MARION CRAWLER TRANSPORTER

MARION POWER SHOVEL

Marion Power Shovel (ursprünglich Marion Steam Shovel) war ein US-amerikanisches Unternehmen, das mit Baggern, Seilbaggern und anderen Bergbauausrüstungen bekannt wurde. Das berühmte Model 91 wurde beim Bau des Panamakanals eingesetzt. 1976 wurde Marion an Dresser Industries verkauft. Mit dem Verkauf von Dresser gelangte die Firma 1997 zu Bucyrus. Danach stellte man die Geschäftsfähigkeit von Marion Power Shovel ein.

Sieht aus wie ein Stahl-Sandwich, das von Panzern aus dem Ersten Weltkrieg getragen wird: der Crawler Transporter von Marion

NASA CRAWLER TRANSPORTER

Cape Canaveral: Jeder, der sich für die Raumfahrt interessiert – ob er jemals selbst in Florida war oder nicht –, erinnert sich wahrscheinlich an die monumentale Wirkung der Montagehalle, in der die Trägerrakete Saturn V montiert wurde, mit der die Apollo-Raumschiffe auf ihren Weg zum Mond gebracht wurden. Die einschließlich Raumschiff und Rettungssystem 107 Meter hohe Rakete wurde in dieser Halle auf der Startplattform mitsamt dem Versorgungsgerüst stehend montiert und aus der Halle zum eigentlichen Startplatz gefahren. Gefahren? Die Startplattform selbst war nichts anderes als der Crawler Transporter von Marion Power Shovel. Zwei Transporter dieser Art gab und gibt es im Kennedy Space Center. Sie heißen „Hans" und „Franz". Marion Power Shovel war als Unternehmen prädestiniert, einen solchen Schwerlasttransporter für das Mondflugprogramm der NASA zu bauen. Schließlich war die Erfahrung mit großen Raupenbaggern für die Entwicklung der schweren Raupenfahrwerke hilfreich. Hans und Franz wurden 1965 ausgeliefert. Wegen des wechselhaften (vor allem feuchten) Wetters in Florida konnten die Raketen nicht am Startplatz selbst montiert werden. Dafür wurde die Montagehalle (Vehicle Assembly Building) errichtet. Und von dort bis zum Startplatz sind es sechseinhalb Kilometer. In den 50 Jahren ihres Betriebs haben Hans und Franz rund 5500 Kilometer zurückgelegt. Hans und Franz haben sämtliche Apollo-Raumschiffe, die Skylab-Transporte, das Sojus-Apollo-Programm und zuletzt sämtliche Shuttle-Missionen zum Startplatz 39 gebracht. Man könnte sie im Museum vermuten, aber sie versehen noch immer ihren Dienst. Es ist einfach nocht nichts Besseres und Verlässlicheres erfunden worden.

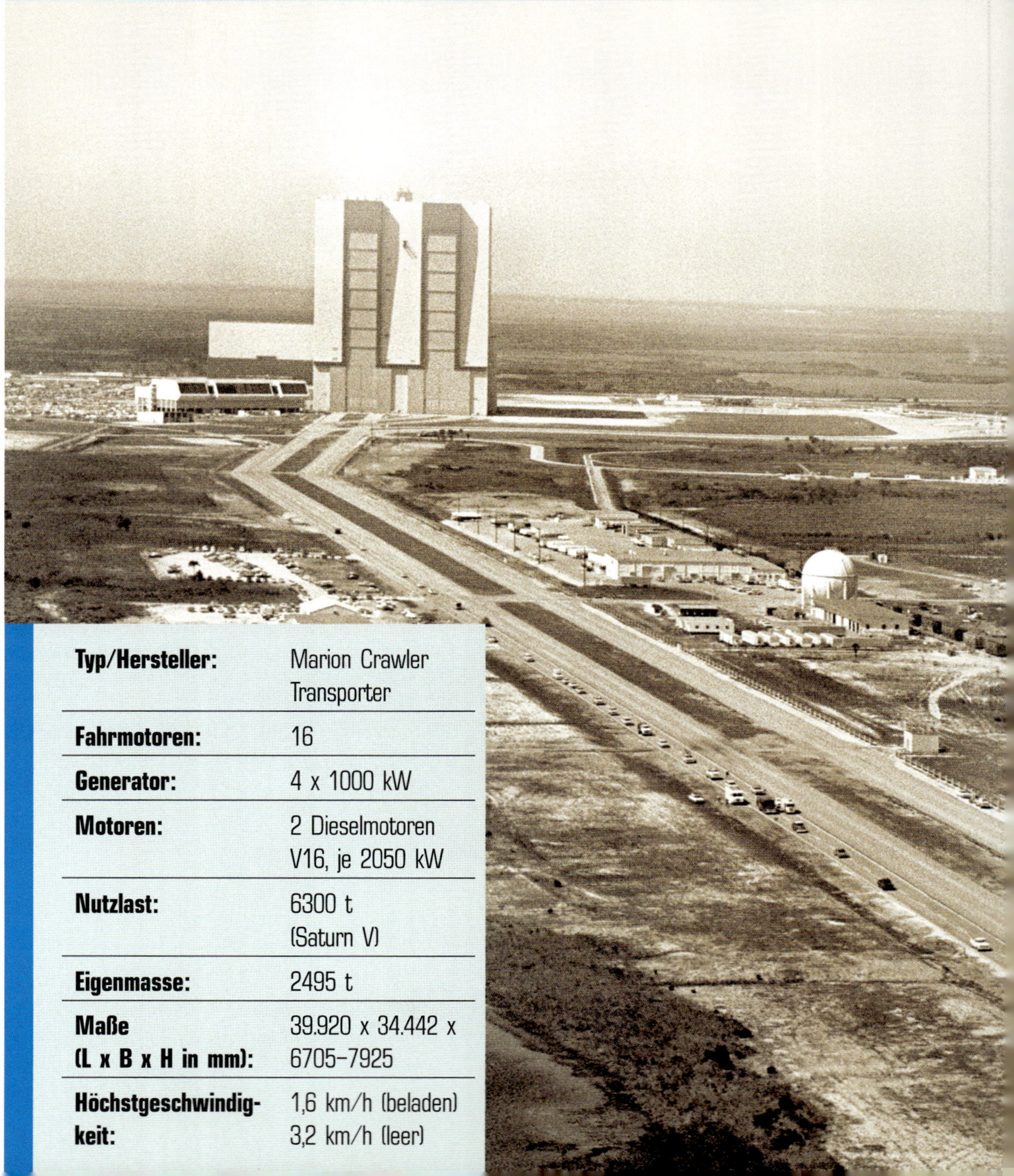

Eine Saturn-V-Trägerrakete mit Apollo-Raumschiff auf dem Weg vom Vehicle Assembly Building zum Startplatz.

Typ/Hersteller:	Marion Crawler Transporter
Fahrmotoren:	16
Generator:	4 x 1000 kW
Motoren:	2 Dieselmotoren V16, je 2050 kW
Nutzlast:	6300 t (Saturn V)
Eigenmasse:	2495 t
Maße (L x B x H in mm):	39.920 x 34.442 x 6705–7925
Höchstgeschwindigkeit:	1,6 km/h (beladen) 3,2 km/h (leer)

Eine Saturn V auf dem Crawler Transporter von Marion

SCHEUERLE

Der Ursprung der Scheuerle Fahrzeugfabrik GmbH liegt in einer Schmiede, die der Firmengründer Christian Scheuerle schon seit dem Jahr 1869 betrieb und dessen Enkel entwickelte die ersten Schwerlastfahrzeuge. Im Jahr 1957 entwickelte Scheuerle den hydropneumatischen Zusatzantrieb für Tieflader. 1960 waren es Scheuerles Schwerlast-Tieflader, auf denen beim Bau des Assuan-Staudamms der Felsentempel von Abu Simbel Stück für Stück an einen höheren Standort versetzt wurde. 1987 wurde Scheuerle insolvent und daraufhin vom Heilbronner Unternehmer Otto Rettenmeier übernommen. Rettenmeier war von schwerer Transporttechnik fasziniert und kaufte 1994 den französischen Konkurrenten Nicolas und 2004 schließlich KAMAG; alle drei Unternehmen vereinigte er in der Firmengruppe TII (Transport Industries International), unter deren Dach auch Scheuerle wieder sehr erfolgreich arbeitete. 2004 wurden 500 Achslinien von Scheuerle aufgeboten, um eine 14.350 Tonnen schwere Öl- und Gasplattform zu bewegen. Scheuerle beschäftigt weltweit rund 750 Mitarbeiter, allein am traditionellen Standort Pfedelbach 360. Jährlich entstehen etwa 700 Fahrzeugeinheiten.

SPMT IN DARWIN

Scheuerle SPMT: die ersten von 300 Achslinien

Mit dem SPMT entwickelte Scheuerle 1983 ein System, das die Technologie des Schwertransports grundlegend revolutionieren sollte. Aus dem hydrostatischen Zusatzantrieb für Tiefladerachsen entwickelte Scheuerle den selbstfahrenden Modulartransporter (Self Propelled Modular Transporter – SPMT) im Containermaß. Das veränderte nicht nur die Transportbranche, sondern auch die Konzepte derjenigen Entwickler, deren schwergewichtige Produkte transportiert werden mussten. Namentlich Industrie- und Förderanlagen, aber auch Infrastrukturprojekte wie Brückenbauten konnten auf eine neue Basis gestellt werden. Heute können dank modularer Transporter Lasten bis 15.000 Tonnen in einem Stück bewegt werden.

Die Transporter-Module lassen sich zu vielen verschiedenen Kombinationen zusammenstellen. Dabei können die Fahrzeugkombinationen mechanisch gekuppelt werden, in Längs- wie in Querrichtung. Eine der Antriebseinheiten PPU wird dann zur Master Unit, die den gesamten Komplex führt. Es ist aber auch möglich, alle beteiligten Transportereinheiten frei zu positionieren. Sie sind dann lediglich durch ein Datennetzwerk mit der Master Unit verbunden. Die Transporteinheiten können in einem Areal von 600 mal 600 Metern aufgestellt werden.

Beim Transport des Flüssiggasmoduls in Port Darwin, Australien, wirkten die Operatoren Zhejiang Lida (160 Achslinien), COSCO (80 Achslinien) und Sinotrans (60 Achslinien) zusammen.

Typ/Hersteller:	Scheuerle SPMT
Länge 2-Achser:	2800 mm
Länge 3-Achser:	4200 mm
Länge 4-Achser:	5600 mm
Länge 6-Achser:	8400 mm
Breite:	2430 mm
Achslinienlast:	40–48 t
Antrieb:	PowerPackUnit

OTTO UND LORE

Zwei Scheuerle-Transporter machten Anfang 2008 eine Reise durch die Wüste. Sie hießen Otto und Lore. Ihr Weg führte zunächst nicht auf eigenen Rädern, sondern auf zwei 14-achsigen Capperi-Plattformtrailern, gezogen von Mercedes- und Iveco-Zugmaschinen, 417 Kilometer in die Höhenlagen der Atacama-Wüste. Dort wurden Otto und Lore in der „Atacama Large Millimeter/submillimeter Array", kurz: ALMA, in 5000 Meter Höhe über dem Meeresspiegel, bereits erwartet.

Insgesamt wurden auf dem Hochplateau zunächst 66 Radioantennen stationiert. Damit werden Radiosignale, die von astronomischen Objekten ausgehen, analysiert. Wichtig für dieses Forschungsprojekt ist, dass sich die einzelnen Radioantennen auf dem Plateau bewegen und auf die Objekte entsprechend ausrichten lassen. Und genau das ist die ständige Aufgabe von Otto und Lore.

Auf 5000 Metern Höhe transportieren die beiden Scheuerle-Transporter 115 Tonnen schwere Radioteleskope mit Antennenschüsseln von 12 Metern Durchmesser. Dabei mussten die Entwicklungsingenieure berücksichtigen, dass die Leistung der Dieselmotoren, die den Generator antreiben, in der Hochgebirgslage deutlich sinkt – von 500 kW Nennleistung auf 320 kW tatsächlich abgegebener Leistung auf 5000 Metern über dem Meeresspiegel – und dass demzufolge auch die Generatorleistung sinkt. An jeder Achse befindet sich ein hydrostatischer Fahrantrieb, der eine genaue Positionierung der Antenne zulässt – eine Grundvoraussetzung für das Zusammenarbeiten der ALMA-Antennen.

Die Namen der beiden Transporter sind übrigens nicht willkürlich gewählt. Es sind die Vornamen des Scheuerle-Inhabers Rettenmaier und seiner Frau.

Lore – unterwegs mit einer Antenne

Das ist Otto, einer der beiden Antennentransporter von Scheuerle, unbeladen und transportfertig.

Typ/Hersteller:	Scheuerle Otto & Lore
Motor:	2 Dieselmotoren pro Fahrzeug
Leistung:	2 x 500 kW (auf 5000 m: 320 kW)
Generator:	100 kW (auf 5000 m: 50 kW)
Leermasse:	132,5 t
max. Zuladung:	115 t
Antrieb:	hydrostatisch an jeder Achse
Maße (L x B x H in m):	20 x 10 x 6
Höchstgeschwindigkeit:	20 km/h (unbeladen) 12 km/h (beladen)

Otto hat eine Antenne an Bord: Auf der Atacama-Hochebene herrschen schwierige Einsatzbedingungen.

ROTORBLATT-ADAPTER

Wo große und immer größere Windkraftanlagen entstehen, muss auch die Transportbranche in neuen Dimensionen denken und neue Lösungsansätze suchen. Auf der Basis seines selbstfahrenden Transportmoduls Interkombi SP führte Scheuerle Anfang 2014 seinen Rotorblatt-Adapter der zweiten Generation vor. Das Rotorblatt einer Windturbine Vestas V126, das in die Scheuerle-Technik eingespannt wurde, war 62 Meter lang und wog 13,4 Tonnen. Das Aufrichten dieses Flügels mit einem Rotorblatt-Adapter bedeutete Weltrekord für eine Maschine dieser Klasse.

Der Transport von Rotorblättern ist für die beauftragten Transportunternehmen immer eine schwierige Aufgabe. Besonders die letzten Kilometer können schwierig werden, wenn die Kurven eng und Hindernisse zu überwinden sind. Das Problem ist nicht das Gewicht, sondern die Länge des Bauteils, das sich beim besten Willen nicht zerlegen lässt. Was also tun, wenn ein 60 Meter langer Flügel über eine enge Dorfstraße zu seinem Standort gebracht werden soll? Den Gasthof abreißen, der im Weg steht? Die schönen Alleebäume fällen, die ausgerechnet in der letzten Kurve den Transport behindern?

Mit dem Rotorblatt-Adapter von Scheuerle kann das Rotorblatt aus der Waagerechten bis zu einem Anstellwinkel von 70 Grad gehoben werden: Die Länge des Objekts verringert sich damit durch das Ausweichen in die dritte Dimension. Der Gasthof kann stehen bleiben und die Alleebäume in der letzten Kurve werden nicht gefällt. Dabei kann der Adapter den Flügel in der Längsrichtung so drehen, dass er den geringstmöglichen Windwiderstand bietet. Darüber hinaus gibt ein Sensor Warnsignale, falls die technisch beherrschbare Windgeschwindigkeit überschritten wird. Hydraulisch gesteuerte Gegengewichte sorgen für präzise Anpassungen auch während der Fahrt.

Das Rotorblatt wird aufgerichtet.

MIT DEM BOHRKOPF

DURCH DIE WAND

Tunnel verbinden. Aber Tunnel müssen gegraben werden. Tunnel für U-Bahnen, für Eisenbahnen, Straßentunnel, Kanalisationsbauwerke und Servicetunnel. Tunnelbohrmaschinen gehören zu den am meisten spezialisierten Werkzeugen der Menschheit. Sie graben sich wie stählerne Lindwürmer durch Erde und Gestein. Doch so gewaltig auch der Wurm, der (Bohr-)Kopf entscheidet über den Erfolg.

HERRENKNECHT

Stößt man irgendwo in der Welt auf eine Baustelle eines Tunnels – sei es ein Eisenbahntunnel, eine U-Bahnstrecke, ein Autotunnel, ein Wasser- oder Versorgungsstrang –, dann ist die Wahrscheinlichkeit groß, dass die eingesetzte Tunnelbohrmaschine von Herrenknecht stammt. Die Herrenknecht AG aus dem südbadischen Schwanau ist Weltmarktführer bei Tunnelvortriebstechnik. 90 Prozent der Produkte gehen in den Export. Das Unternehmen beherrscht ca. 75 Prozent des Weltmarktes mit seinen Produkten.

Durchbruch! Die S-434 stößt durch das Gestein.

Schnell noch ein Foto! Lackiert und noch unbenutzt wartet die S-434 auf ihren Einsatz (linke Seite).

SECOND AVENUE SUBWAY

Herrenknecht verweist stolz darauf, 2600 Projekte in aller Welt betreut zu haben. Die Liste der Baunummern der eingesetzten Tunnelbaumaschinen ist lang und erfasst Standorte auf allen Kontinenten. Das Projekt „Second Avenue Subway" soll in den nächsten Jahren eine neue Nord-Süd-Verbindung durch Manhattan schaffen. Als Endbahnhöfe sind der Hanover Square im Süden und die 125. Straße im Norden ins Auge gefasst. Die Strecke ist schon seit 1929 im Gespräch und gelegentlich in der Bauplanung gewesen. Die Gründe für die Vielzahl der Fehlstarts und Planungsabbrüche sind zahlreich und komplex. Vielfach nannten die New Yorker diese Strecke schon „die Linie, die die Zeit vergaß".

Mithilfe der Herrenknecht-Tunnelbohrmaschine wurde es dann doch ernst. 2007 schloss die Metropolitan Transportation Authority (MTA) einen Vertrag mit einem Konsortium der Firmen Schiavon, Shea und Skanska. Zunächst sollten 3,2 Kilometer mit drei Stationen gebaut werden. Der Einsatz der Tunnelbohrmaschine verzögerte sich jedoch noch bis Mai 2010, weil die „launch box", der Schacht, wo die Tunnelbohrmaschine ihre Arbeit an der Röhre aufnehmen kann, nicht rechtzeitig fertig wurde. Bis März 2011 hatte die S-434 dann aber bis zur 65. Straße die Weströhre gebohrt. Dort machte sie kehrt und bohrte die Oströhre, in der sie im September 2011 an der 63. Straße ankam. Die S-434 arbeitete sich mit einer Tagesleistung von 20 Metern durch den Untergrund. Geologisch traf die Maschine überwiegend auf Festgestein, Quarz, Glimmer und Glimmerschiefer. Die S-434 fuhr zwei Abschnitte (2,4 und 1,5 Kilometer Länge) auf, zwischen denen Teilstücke in offener Bauweise lagen.

Typ/Hersteller:	Herrenknecht S-434
Projekt:	New York, Second Avenue Subway
Durchmesser:	6717 mm
Vortriebslänge insgesamt:	4300 m
Ausbauverfahren:	Felssicherung
Antriebsleistung:	2080 kW
Drehmoment:	1800 kNm
Tagesleistung:	ca. 20 m
Baujahr:	2010–2011

Die Tunnelbohrmaschine S-434 am Startpunkt der Arbeit im Untergrund von New York

Tunnelbohrmaschine vor dem Einsatz

HERRENKNECHT AM GOTTHARD-TUNNEL

Der Gotthard-Basistunnel besteht aus zwei richtungsgetrennten eingleisigen Röhren eines Eisenbahntunnels von 57 Kilometer Länge. Damit ist er der längste Verkehrstunnel der Welt. Insgesamt 50 Kilometer davon wurden mit vier Tunnelbohrmaschinen von Herrenknecht aufgefahren. Diese Hartgesteinsmaschinen hatten einen sehr flachen Bohrkopf mit vollkommen in den Bohrkopf eingelassenen Schneidrollenhalterungen; die Schneidrollen selbst konnten vom rückwärtigen Raum der Maschine aus gewechselt werden: Innovationen made by Herrenknecht. Unternehmensgründer und Vorstandsvorsitzender Dr. Martin Herrenknecht, geboren 1942 und Tunnelbohrer aus Leidenschaft, bezeichnete den Durchstich der Tunnelröhren als emotionalen Höhepunkt seiner Laufbahn als Ingenieur und Unternehmer.

Dr. Martin Herrenknecht

DURCHBRUCH UNTERM ST. GOTTHARD

Sissi und Heidi – wie könnte es in den Alpen anders sein – waren die Kosenamen der beiden Gripper-Tunnelbohrmaschinen S-210 und S-211, die die Röhren des Gotthard-Basistunnels auffuhren. Heidi und Sissi begannen auf der Tessiner Seite mit einem Schild von 8890 mm; der Bohrkopf arbeitete mit 458 Rollenmeißeln. Die Maschinen waren einschließlich Nachläufer ca. 440 Meter lang. Für das zweite Baulos wurde 2007 der Durchmesser auf 9430 mm vergrößert.

Insgesamt waren vier Herrenknecht-Maschinen am Vortrieb der beiden Tunnelröhren beteiligt. Außer Sissi und Heidi, die von Süden her angriffen, gingen noch die Maschinen S-229 und S-230 (Gabi 1 und Gabi 2) an die Arbeit; beide trieben Röhren mit einem Durchmesser von 9580 mm vor. Durch den gleichzeitigen Einsatz von vier Maschinen sollte die Bauzeit verkürzt werden. Gabi 2 stellte dabei einen Vortriebsrekord von 56 Metern Tagesleistung auf.

Das geologische Profil unter dem Gotthard-Massiv war alles andere als einfach. Besonders im südlichen Abschnitt mussten mehrmals Sicherungsmaßnahmen an lockerem Gestein vorgenommen werden. Was für die Präzision spricht: Nach dem finalen Durchschlag von Heidi am 23. März 2011 betrug die vertikale Abweichung zur idealen Achse ganze 3 mm; horizontal lag sie genau im Sollwert.

Typ/Hersteller:	Herrenknecht S-210 und S-211
Projekt:	St. Gotthard-Basistunnel
Durchmesser:	9430 mm
Vortriebslänge insgesamt:	85.425 m
Ausbauverfahren:	Felssicherung
Antriebsleistung:	3500 kW
Drehmoment:	8526 kNm
Tagesleistung:	ca. 18 m
Baujahr:	2002

Grund zum Feiern: Der finale Durchschlag unterm Gotthard-Massiv. Heidi ist angekommen.

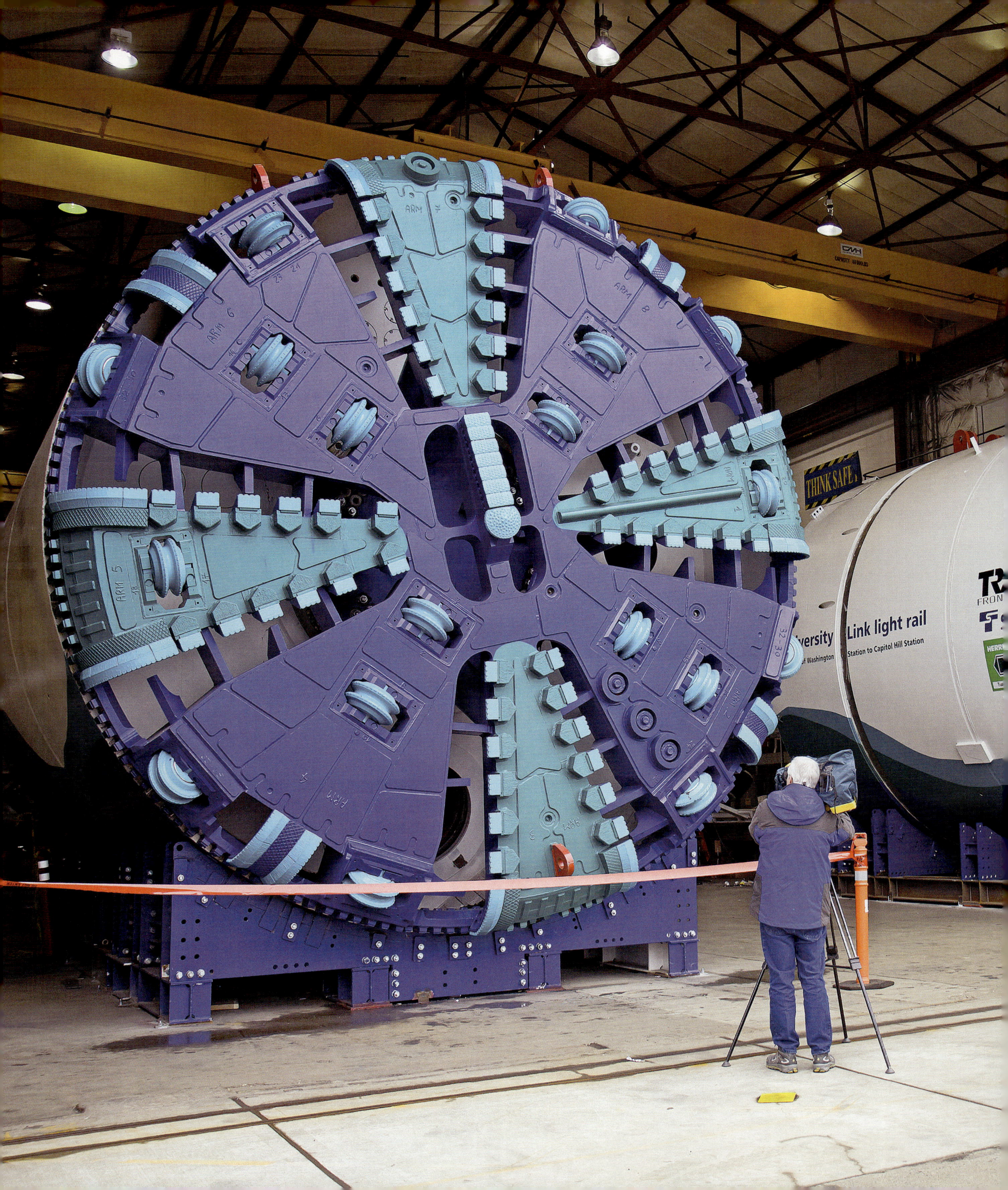
THINK SAFE
Link light rail
Station to Capitol Hill Station

SEATTLE UNIVERSITY LINK

Bei der Erweiterung der U-Bahnlinie in Seattle kamen zwei Maschinen mit EPB-Schild zum Einsatz. In weichen Böden werden bevorzugt solche Maschinen mit Erddruckstützung (Earth Pressure Balance – EPB) eingesetzt. Die Tunneltrasse führt von der University of Washington nach Downtown Seattle, unterquert einen Highway, einen Kanal und dichte innerstädtische Bebauung. Der Ausbau der Tunnel erfolgte mittels Tübbingen, großen Betonringen, die unmittelbar hinter der Vortriebsmaschine eingezogen werden und an denen sich die Maschine beim weiteren Vortrieb jeweils abstützt. Die beiden Herrenknecht-Maschinen konnten ihre Arbeit im März 2012 drei Monate vorfristig abschließen.

Typ/Hersteller:	Herrenknecht S-560 und S-561
Projekt:	U-Bahn Seattle University Link
Durchmesser:	6560 mm
Vortriebslänge:	6956 m
Ausbauverfahren:	EPB-Schilde, Tübbingausbau
Antriebsleistung:	945 kW
Drehmoment:	4377 kNm
Tagesleistung:	ca. 40–50 m
Bauzeit:	2010–2011

Linke Seite: Die beiden Tunnelbohrmaschinen S-560 und S-561 vor Beginn ihrer Arbeit am Seattle University Link.

Es wird ernst: die Tunnelbohrmaschine vor dem Andrehen.

Das Werkzeug wird komplettiert: Ein Portalkran lässt den Bohrschild zur Tunnelbohrmaschine „Bertha" herab.

HITACHI ZOSEN

Hitachi Zosen ist ein japanischer Industriekonzern mit Sitz in Osaka. Seine Gründung geht auf einen britischen Ingenieur zurück, der sich 1881 in Osaka etabliert hatte. Nach dem Zweiten Weltkrieg wurde Hitachi Zosen vom Hitachi-Konzern getrennt und wuchs bis 1955 zum größten Schiffbauunternehmen Japans. In der Krise des Schiffbaus verlegte sich der Konzern auf andere Aktivitäten des Anlagenbaus. In den 1990er-Jahren wurde das Unternehmen „restrukturiert" und entließ drei Viertel seiner Arbeiter. Im Jahr 2002 wurde die Schiffbausparte dann ganz verkauft.

„Bertha" sitzt fest.

SR 99 – BERTHA COMES

Bei Hitachi Zosen in Osaka wurde „Bertha“ gebaut. Das Gerät wurde in einzelnen Teilen auf dem Seeweg nach Seattle geschafft und dort wieder zusammengesetzt. Das Eintreffen der Maschine, der Zusammenbau und der Beginn der Arbeiten am 30. Juli 2013 stießen auf ein großes Medieninteresse.

Die Arbeiten verliefen nicht so zügig wie erhofft. Ursprünglich glaubte man, nach 14 Monaten fertig zu sein, aber nach drei Wochen Arbeit registrierte man bereits zwei Wochen Verzug. Am 6. Dezember 2013, nach 611 gebohrten Metern, stieß Bertha 18 Meter unter der Erde auf ein Stahlrohr, das von früheren Projekten in der Erde geblieben war. Der Bohrkopf wurde beschädigt, die Messer mussten ausgewechselt werden. Als sich Bertha im Februar 2014 anschickte weiterzubohren, lief eine Hauptlagerdichtung heiß. Bertha saß fest. Um an den Bohrkopf heranzukommen, musste von der Oberfläche ein Schacht gegraben werden. Auch das erwies sich als nicht ganz so einfach, weil nachdringendes Grundwasser die Arbeiten störte; das Abpumpen des Grundwassers wiederum beschädigte nahestehende Gebäude.

Typ/Hersteller:	Hitachi Zosen Bertha
Projekt:	Seattle Highway 99 Straßentunnel
Durchmesser:	17.520 mm
Vortriebslänge:	2830 m
Ausbauverfahren:	EPB-Schilde Tübbingausbau
Antriebsleistung:	18.600 kW
Tagesleistung:	ca. 20–30 m
Bauzeit:	seit 2103

Die Förderschnecke am Ende der Vortriebsmaschine ist charakteristisch für EPB-Schilde, die in weichem Untergrund eingesetzt werden.

Hinter dem Bohrkopf werden große Betonringe, sogenannte Tübbinge, eingezogen, um die Tunnelwand zu stabilisieren und abzudichten. Im Hintergrund sieht man Berthas Rückseite.

Der vordere Teil der Maschine einschließlich des beschädigten Bohrkopfes konnte am 31. März 2015 an die Oberfläche gehoben werden. Bei der Inspektion bemerkte man, dass die Schäden an den Dichtungen viel schwerer waren als zuvor angenommen. Nachdem der Bohrkopf zerlegt war, zeigten sich noch Beschädigungen an den Antriebszahnrädern der Schneidmesser. Fast der gesamte Vorderteil der Maschine muss nun generalüberholt oder ersetzt werden. Vermutlich kann die Arbeit erst im Herbst 2015 fortgesetzt werden. Hinter dem Zeitplan liegt man nun zwei Jahre zurück. Der Tunnel kann frühestens 2017 eröffnet werden, meint das zuständige Washington State Department of Transportation.

Der Name für die Maschine, Bertha, wurde übrigens nach einer großen Ausschreibung gefunden. Am Wettbewerb nahmen vor allem Kinder und Jugendliche – vom Kindergartenalter bis zum Highschool-Absolventen – teil und in der Jury saßen der Gouverneur und die Transportministerin von Washington. Mit dem Namen erinnert die Stadt an Bertha Knight Landes (1868–1943), die 1926 Bürgermeisterin von Seattle wurde – die erste Frau überhaupt, die in den USA ein solches Amt in einer Stadt bekleidete.

Berthas Zähne – oben neu, unten verschlissen. Der Austausch der Schneidmesser am Bohrkopf war erforderlich.

März 2015: Der Rettungsschacht ist gegraben, Berthas defekter Bohrkopf wird an die Oberfläche gezogen.

Hitachi Zosen

DIE MARMOR, STEIN

UND EISEN BRECHEN

Wo Bagger mit überdimensionalen Schaufeln versehen sind, mit Schaufelrädern oder mit Eimerketten, wo stählerne Saurier die Erdschichten aufbrechen, bis sie an die Kohle gelangen, die nach der Saurierzeit entstand, wo Förderbrücken 60 Meter über der Talsohle Material verklappen, dort ist man im Bergbau, in einer Erz- oder Kohlenmine, wo der Maschinenpark zuweilen atemberaubende Dimensionen annimmt.

AEG DEMAG

Die DEMAG (Deutsche Maschinenbau Aktiengesellschaft) ging 1973 an den Mannesmann-Konzern über und wurde nach der Übernahme von Mannesmann in verschiedene Geschäftsbereiche aufgespalten, die einzeln veräußert wurden, wie die Mannesmann Demag Fördertechnik. Die Absetzer 755 und 756 wurden 1976 bzw. 1977 gebaut. Der Unternehmensbereich „Energie- und Industrietechnik" der AEG lieferte Elektrotechnik und elektronische Steuerungstechnik für diese Maschinen. Die AEG wurde 1985 von Daimler-Benz übernommen und 1996 mit der neuen Muttergesellschaft fusioniert.

ABSETZER 755

Absetzer 756 auf dem Weg nach Hambach

ABSETZER UND BANDSCHLEIFENWAGEN

In Großtagebauen sind sie oft Partner: die Absetzer und die Bandschleifenwagen. Fachsprachlich heißen sie „kontinuierlich arbeitende Bandverkippungsgeräte". Absetzer sollen Abraum und anderes Material, das bei der Gewinnung von Rohstoffen – zum Beispiel durch einen Schaufelradbagger – oder Aufbereitung entsteht, von der „falschen" Stelle an die richtige Stelle befördern und es dort absetzen. Der Bandschleifenwagen übernimmt das Material von einer Bandanlage und reicht es an den Absetzer weiter. Der Absetzer kann mit seinem langen und beweglichen Ausleger das Material an seinem endgültigen Ort verkippen, zum Beispiel eine ausgekohlte Grube wieder verfüllen.

Bandschleifenwagen 946, der treue Partner des Absetzers 756

WANDERUNG EINES ABSETZERS

Typ/Hersteller:	AEG DEMAG Absetzer 756
Masse:	5013 t
Länge:	183 m
Breite:	38 m
Höhe:	57 m
Tagesleistung:	240.000 m^3 Abraum
Bandschleifenwagen:	946
Maße BSW (L x B x H in m):	110 x 20 x 20
Masse BSW:	1800 t

Im Sommer 2009 machten sie sich auf den Weg: der Absetzer 756 und sein treuer Gefährte, der Bandschleifenwagen 946. Jahrelang hatten sie im Tagebau Bergheim in Nordrhein-Westfalen bei der Braunkohleförderung mitgewirkt und schließlich an der Verfüllung und Rekultivierung des ausgekohlten Tagebaus gearbeitet. Jetzt gab es in Bergheim nichts mehr zu tun und für die beiden stählernen Gesellen wurde ein neues Betätigungsfeld gesucht – und gefunden. Sie zogen um in den Tagebau Hambach. Dort würden sie mit sechs anderen Absetzern und acht Schaufelradbaggern kooperieren können.

Auf dem Weg nach Hambach konnten sie sich ihre Reisekosten noch selbst erarbeiten. Zunächst wurden sie im Mai 2009 gründlich überholt. Anfang Juni brachen sie in Richtung Glesch auf. Nach den ersten knapp fünf Kilometern machte der Gerätekomplex an der Glescher Mulde (einem Überbleibsel des 1993 geschlossenen Tagebaus Fortuna-Garsdorf) halt und arbeitete zwei Monate an deren Verfüllung. Ende August 2009 ging es weiter. Das Geräteduo musste die B 477, die Erft und die Autobahn A 61 überqueren. Für die Überquerungen wurden eigens Kiesrampen errichtet, die Straßenbeläge komplett abgedeckt, die Erft verrohrt. Fast noch schwieriger waren die Unterquerungen: Zwei Trassen von Hochspannungsleitungen, die der Absetzer 756 aufgrund seiner Bauhöhe nicht unterfahren konnte, mussten kurzzeitig abgeschaltet, die Beseilung komplett entfernt und nach dem Passieren des Absetzers wieder aufgelegt werden. Anfang September 2009 kamen die beiden Geräte nach ca. 17 km im Tagebau Hambach an.

Solche Großgerätewanderungen sind selten, aber immer sind sie ein Medienereignis. Auch der Partner-Absetzer 255 war im Tagebau Bergheim tätig gewesen und hatte seinen neuen Arbeitsort im 25 km entfernten Tagebau Garzweiler schon fünf Jahre eher aufgesucht und die Restarbeiten Nummer 756 überlassen. Auch Bagger 288 hatte einen spektakulären Umzug hinter sich.

Absetzer 756, gefolgt von seinem Bandschleifenwagen 946

BUCYRUS INTERNATIONAL

Bucyrus International wurde 1880 als Bucyrus Foundry and Manufacturing Company in der Stadt Bucyrus, Ohio gegründet. 1893 zog das Unternehmen nach Wisconsin. In den Folgejahren firmierte die Gesellschaft mehrfach um, hieß nach der Übernahme der Erie Steam Shovel Company seit 1927 Bucyrus Erie. 1993 ging die Firma in Konkurs, arbeitete aber unter Gläubigerschutz weiter. 2010 erwarb Caterpillar Bucyrus für 8,6 Milliarden Dollar und integrierte Mitte 2011 die meisten Bucyrus-Erzeugnisse ins eigene Produktportfolio.

Bild oben: Kettenlaufwerk des Big Brutus mit mittelgroßer Vergleichsperson

MODEL 1850 B „BIG BRUTUS“

Bucyrus Model 1850 B – der Big Brutus

Ausleger und Schürfkübel des Big Brutus

Vom Hersteller Bucyrus selbst als Model 1850 B bezeichnet, ging dieser einmalige Bagger unter seinem Kosenamen „Big Brutus" in die Technikgeschichte ein. 1963 wurde der Riesenbagger für den Kohletagebau in Kansas in nur einem Exemplar gebaut. Er war besonders für den Abbau schmaler, oberflächennaher Flöze in 6 bis 21 Meter Schürftiefe konzipiert worden. Der Bagger war bis 1974 im Kohlebergbau tätig. Heute hat er einen Museumsstandort in West Mineral, Kansas – das kleine Bergbaumuseum ist die einzige Sehenswürdigkeit der 185-Seelen-Gemeinde. Der orangene Koloss ist schon viele Meilen, bevor man den Ort erreicht, als Orientierungspunkt im flachen Land zu sehen.

Die elektrisch betriebene Maschine kostete im Herstellungsjahr 6,5 Mio. Dollar. Die Einzelteile wurden auf 150 Eisenbahnwaggons angeliefert, um in Kansas montiert zu werden. 52 Arbeiter waren mit dem Zusammenbau elf Monate lang beschäftigt. Als er im Mai 1963 in Betrieb genommen wurde, war er der zweitgrößte Bagger weltweit. Der Chef der Mine 19, wo er zum Einsatz kam, gab ihm den Namen „Big Brutus" – dabei blieb es.

Ursprünglich für eine Nutzungszeit von 25 Jahren konzipiert, endete sein Einsatz schon 1974. Der Big Brutus war einfach zu groß – ihn abzubauen, seine Einzelteile zu einer anderen Mine zu verlegen und ihn dort wieder zusammenzubauen, wäre einfach unwirtschaftlich gewesen. So landete der Riesenbagger schließlich an seinem Museumsstandort, unweit seiner früheren Wirkungsstätte.

Typ/Hersteller:	Bucyrus International Model 1850 B
Baujahr:	1963
Gesamtmasse:	4989 t
Höhe:	96 m
Fassungsvermögen des Schürfkübels:	136 t
Schürftiefe:	6–21 m
Geschwindigkeit:	6 m/min
Besatzung:	3

Bucyrus 495 HR mit Hartgesteinsfahrwerk (Hard Rock) und Hochlöffel

SEILBAGGER UND HOCHLÖFFEL

Seilbagger sind eine eigene Maschinengattung innerhalb der Familie Bagger. Charakteristisch im Vergleich zu anderen Baggerarten ist die seilmechanische Kraftübertragung. Am Ausleger des Oberwagens können verschiedene Sorten von Löffeln angebaut werden. Hochlöffel tragen Material nach oben und nach vorn ab; oft sind sie unten aufklappbar, was die Beladung von Transportfahrzeugen erleichtert. Tieflöffel ziehen das Material von vorn oder von unten zum Bagger hin heran. Zweischalengreifer bestehen aus zwei sich gegeneinander schiebende Löffel, die loses Material aufnehmen. In Tagebauen werden häufig Hochlöffel eingesetzt, wie in der Abbildung rechts.

Hochlöffelbagger Bucyrus 495 im Tagebau

BUCYRUS 495

Bucyrus International erlebte mit seinen Maschinentypen ein ähnliches Schicksal, wie man selbst es 14 Jahre zuvor den Maschinen von Marion Power Shovel bereitet hatte. Nachdem Caterpillar 2010 Bucyrus übernommen hatte, integrierte es die Produktlinien des Adoptivkindes in das eigene Portfolio, passte nicht nur die Typenbezeichnungen entsprechend an, sondern setzte auch im Corporate Design die eigene Linie bis in die Lackiererereien durch. So wurde denn aus dem Bucyrus 495 der CAT 7495 im klassischen Gelb-Schwarz von Caterpillar. 1997 hatte Bucyrus den Erzrivalen Marion Power Shovel übernommen. Dessen Großbagger Marion 351 M wurde zum Bucyrus 595 – natürlich mit Upgrades auf den neuesten technischen Stand gebracht.

Der Bucyrus 495 wurde mit zwei verschiedenen Unterwagen bei ansonsten identischen Oberwagen angeboten. Der Unterschied lag im Raupenfahrwerk. In der Version HR waren die Kettenschiffe für die Arbeit auf hartem Gestein optimiert, zum Beispiel in Erzminen. Die Version HF verfügte über ein modifiziertes Laufwerk für Anwendungen, die einen möglichst niedrigen Bodendruck erforderten, wie beispielsweise der Abbau von Ölsand, wie in der Region um die Stadt Fort McMurray in der Provinz Alberta.

Bucyrus führte den elektrisch angetriebenen 495B im Jahr 1990 ein. Ausgerüstet war er mit einem Gleichstrom-Antrieb IGBT von Siemens. Die Siemens-Antriebstechnik zeichnet sich aus durch geringeren Energieverbrauch, niedrigeren Instandhaltungsbedarf, höhere Abbaumengen (bei gleichbleibendem Energieverbrauch). In der Folge führte dies zu einer Kostenersparnis für den Betreiber und Verminderung der Kohlendioxidemission im Sinne des Umweltschutzes.

Typ/Hersteller:	Bucyrus International 459HR
Masse:	1219 t
Förderleistung:	1400–1900 m3/h
Volumen Löffel:	46 m^3
Reichweite Löffel:	30–61 m
Länge und Winkel Ausleger:	20,40 m und 45°
Maße (L x B x H in m):	26,10 x 13,01 x 13,51 (Schaufel abgelegt)
Schnitttiefe unter Bodenniveau:	3200 mm
Schnitthöhe:	18,1 m
Schnittradius:	23.8 m
Ladehöhe:	10,6 m

Bucyrus 495 HF

HITACHI

Der japanische Mischkonzern ist auch in Deutschland breit aufgestellt. Neben Chemieindustrie, Klimaanlagen, Medizintechnik und Datenverarbeitung ist es vor allem die Baumaschinensparte, die den Ruf von Hitachi bestimmt. International spielt Hitachi auch bei Bergbauausrüstungen in der ersten Liga. Als der EX 5500 1998 offiziell vorgestellt wurde, belegte er Rang 7 in der Weltrangliste der schwersten Mining-Bagger. Mit dem EX 8000 hat Hitachi einen noch schwereren Typ auf den Markt gebracht.

Hitachi EX5500

HITACHI EX 5500 & EX 8000

Eine halbe Nummer größer: Hitachi EX 5600 ist der Nachfolger in der 500-Tonnen-Klasse. Hitachi stellte ihn auf der MINEXPO 2012 erstmals vor.

Der Größte aus der Hitachi-Familie: EX 8000

Als Hitachi den EX 5500 1998 offiziell vorstellte, war er der schwerste Bagger, den das Unternehmen je gebaut hatte. Diese Maschine entwickelt aus der Kraft seiner beiden Cummins-Dieselmotoren eine Ausbrechkraft von 160 Tonnen. Das Modell wog im Einsatz 518 Tonnen und seine Baggerschaufel fasste 30 Kubikmeter Material.

Der noch schwerere, größere und leistungsfähigere EX 8000 wurde 2010 vorgestellt. Die ersten Exemplare gingen in der kanadischen Provinz Alberta in Betrieb.

Mit ihm bedient Hitachi nicht nur die schweren Großmuldenkipper aus dem eigenen Haus, sondern im Grunde die Kipper aller Hersteller der Ultra-Klasse (> 300 Tonnen). Den eigenen (unter der Marke Euclid Hitachi vertriebenen) Kipper EH 5000 AC-3 mit regulär 296 Tonnen Zuladung belädt der EX 8000 mit Tieflöffel in vier Schwenks. Der „kleinere" EH 4000 ACII aus dem Hause Hitachi (mit 222 Tonnen) ist schon nach drei Schwenks randvoll.

Dass die beiden kraftvollen Turbodiesel ihre Leistung nicht in Geschwindigkeit investieren, wird man ihnen kaum übelnehmen. Die Kettenschiffe (10,5 Meter lang, 1,85 Meter breit) sind ja auch nicht unbedingt für Rennen geschmiedet worden.

Typ/Hersteller:	Hitachi EX 8000
Motor:	2 x Cummins QSK-TA60-CE mit je 1066 kW
Gesamtmasse:	825 t (Hochlöffel) 837 t (Tieflöffel)
Höhe:	96 m
Fassungsvermögen der Löffel:	40 m³ (Hochlöffel) 43 m³ (Tieflöffel)
Schnitthöhe:	20,50 m (Hochlöffel)
Schnitttiefe:	8,40 m (Tieflöffel)
Geschwindigkeit:	max. 2 km/h

Bagger 288

KRUPP UND KOHLE

ThyssenKrupp ist heute ein stark diversifizierter Industriekonzern und mit einem Jahresumsatz von über 40 Milliarden Euro und Deutschlands größtes Stahl- und Technologieunternehmen. In der Tradition war das Unternehmen stets auch bei Bergbauausrüstungen, Gewinnungs- und Verarbeitungsgeräten stark am Markt vertreten. Die Fusion der früheren Konkurrenten Thyssen und Krupp-Hoesch erfolgte 1999.

Schaufelrad am Ausleger des Baggers 288

BAGGER 288 VON RWE

Typ/Hersteller:	Krupp Bagger 288
Masse:	12.840 t
Länge:	240 m
Höhe:	96 m
Schaufelraddurchmesser:	21,60 m
Anzahl Schaufeln:	18
Volumen je Schaufel:	6,6 m^3
Tagesleistung:	240.000 m^3
Fahrgeschwindigkeit:	10 m/min.

Als die Krupp AG 1978 diesen Schaufelradbagger für die damalige Gesellschaft Rheinbraun fertigstellte, war er nicht nur der größte bis dahin eingesetzte Bagger im rheinisch-westfälischen Braunkohlerevier, er war auch das größte Landfahrzeug. Er war noch 500 Tonnen schwerer als der in Ohio arbeitende Seilbagger Big Muskie (1999 abgerissen). Der Vergleich mit den beiden Crawler-Transportern der NASA ist ein Streitfall: Die Crawler sind immer noch die schwersten Landfahrzeuge der Welt mit eigener Antriebskraft, denn die großen Bagger, elektrisch angetrieben, werden mittels externer Stromleitungen mit Energie versorgt. Bagger 288 bezieht daraus eine Antriebsleistung von 16.560 Kilowatt.

Der ursprüngliche Einsatzzweck des Baggers 288 war das Beseitigen von Abraum im Tagebau Hambach, der gerade aufgeschlossen wurde. Die Einsatzmasse des Baggers wird von zwölf Raupenfahrwerken getragen; sie sind jeweils 3,8 Meter breit und in drei Vierergruppen zusammengefasst. Die Bedienmannschaft besteht aus fünf Personen.

2001 gab es im rheinisch-westfälischen Braunkohlerevier eine Großgerätewanderung. Bagger 288 machte sich auf den Weg ins 22 km entfernte Garzweiler, seinem neuen Arbeitsplatz. In Hambach hatte der Krupp-Riese so viel Abraum beiseitegeschafft, dass er dort nicht mehr benötigt wurde. In Garzweiler hingegen standen nur wenige Großgeräte seiner Klasse zur Verfügung.

Gleichzeitig brach im Tagebau Bergheim der etwas kleinere Bagger 259 auf, um Richtung Hambach zu ziehen. In Bergheim waren die Kohlevorkommen nahezu erschöpft. Showdown am 18. Februar 2001: Beide Bagger begegneten sich beiderseits der A 61. Dann ließ der eine den anderen passieren und überquerte dann selbst die Autobahn. Die eigentliche Querung dauerte nur 20 Minuten pro Gerät. Aber die Vorbereitungen und Aufräumarbeiten hatten eine 14-stündige Autobahnsperrung zur Folge. Die Großgeräte hatten bei ihrer Reise je eine Kabeltrommel mit 1 km Kabel an Bord, das an verschiedenen Einspeisungspunkten angeschlossen wurde.

SANDVIK PE 200

SANDVIK

Sandvik gehört zu den erfolgreichsten und größten Industrieunternehmen Schwedens. Seine Geschichte ist eng mit dem viel gerühmten Schwedenstahl verbunden. Gegründet wurde das Unternehmen 1862 an der sandigen Bucht des Sees Storsjön (dt. Großer See) zusammen mit der Siedlung Sandviken (dt. Sandsiedlung). Dem Gründer Göran Fredrik Göransson (1819–1900) war es als Erstem gelungen, Stahl nach dem Bessemer-Verfahren in industriellem Maßstab zu produzieren. Die heutige Stadt Sandviken wuchs praktisch um Göranssons Stahlwerk herum. 2012 erwirtschaftete das Unternehmen einen Umsatz von 99 Mrd. schwedischen Kronen (ca. 10,5 Mrd. Euro), vor allem in den Geschäftsbereichen Bergbau/Bauindustrie, Werkzeugfertigung und Materialtechnik. Die Mining-Sparte fertigt Tagebauausrüstungen und Geräte für den Untertage-Abbau überwiegend für den Export – vom Bohrwagen bis zum Radlader, vom Schaufelradbagger bis zum Bandförderer.

Typ/Hersteller:	Sandvik PE 200
Länge des Schaufelradauslegers:	40–65 m
Fassungsvermögen der Schaufeln:	1400 l
Höhe:	35 m
Förderleistung:	bis zu 12.000 m^3

Sandvik-Schaufelradbagger PE 200. Gut zu erkennen die Seilmechanik, mit der die Schnitthöhe des Schaufelrads gesteuert wird.

Die Tagebaugeräte von Sandvik sind international erfolgreich, besonders wegen ihrer Variabilität. So zeichnet sich der Schaufelradbagger PE 200 dadurch aus, dass der Ausleger mit dem Schaufelrad entsprechend den geologischen Gegebenheiten verlängert oder verkürzt werden kann. Ein Gegengewichtsausleger hält das Gleichgewicht bei Veränderungen in Masse und Länge. Der Seilmechanismus des Schaufelradauslegers erlaubt eine optimale Beweglichkeit in der Vertikalen.

Partner des Schaufelradbaggers PE 200 ist, wenn es die geologischen Bedingungen der Grube erfordern, der Bandförderer PB 100, der in der linken Abbildung rechts im Bild zu sehen ist. Diese Maschinen stellen eine Mischung aus Bergbaugerät und Förderanlage dar. Da der Tagebau beim kontinuierlichen Abbau in der Regel ohne Bandförderanlagen nicht funktioniert, übernehmen Geräte wie der Sandvik PB 100 eine Art Mittlerfunktion, um Distanzen und Höhenunterschiede zu überbrücken. Der Aufnahme-Ausleger ist 21, der Absetz-Ausleger 26 Meter lang. Der PB 100 ist mit unterschiedlichen Raupenlaufwerken und mit unterschiedlichen Kapazitäten (von 150 bis zu 10.000 m^3/h) lieferbar. Er kooperiert außerdem mit allen Baggermodellen von Sandvik.

Sandvik Schaufelradbagger PE 200 (links), daneben Bandförderer PB 100

Eimerkettenbagger ERs 400 im Freilichtmuseum Ferropolis bei Gräfenhainichen. Dieser Bagger 197 mit einem Volumen seiner Eimer von jeweils 400 Litern wurde nacheinander in vier Tagebauen eingesetzt und stand bis 1991 im Einsatz.

TAKRAF

Braunkohle war für die DDR der entscheidende Rohstoff und Energieträger. Für diesen Eigenbedarf entwickelten die TAKRAF-Betriebe Großgeräte, die den verschiedenen geologischen Bedingungen angepasst waren. So entstanden unter anderem Eimerkettenbagger verschiedener Größenordnung. Mit diesen Maschinen trat TAKRAF nicht nur auf den Inlandsmärkten in Erscheinung. Vielmehr gehörten Bergbaugroßgeräte zu den erfolgreichsten Exportgütern des Schwermaschinenbaus der DDR.

ERs 400, genannt „Mosquito" – ein Raupensäulenschwenkbagger, gebaut 1941 in der Maschinenfabrik Buckau

Das ER stand für Eimerkettenbagger/Raupen, das kleine „s" bedeutete „schwenkbar". Die Raupenbagger waren damit im Gelände unabhängiger. Mit den Zahlen in der Typbezeichnung wurde üblicherweise das Fassungsvermögen der Schaufeln angegeben. Diese Typologie wurde auch auf ältere Modelle bezogen.

EIMERKETTEN AUS BUCKAU

TAKRAF als Industrievereinigung bzw. Kombinat umschloss eine Reihe namhafter Hersteller von Bergbautechnik. Unter anderem das Lauchhammerwerk und der VEB Schwermaschinenbau „Georgi Dimitroff" (vormals Maschinenfabrik Buckau R. Wolf) bauten Maschinen dieser Typklasse. Zeitweilig war der Bau des Typs ERs 710 nach Köthen verlagert worden. Etwa um 1973 wurde das Werk in Magdeburg-Buckau auf die Herstellung von Tagebaugeräten spezialisiert. Die Herstellung von Autodrehkränen wurde abgegeben, dafür die Produktion des ERs 710 von Köthen wieder zurückgeführt.

Der Neuaufschluss des Tagebaus Welzow Süd bei Großräschen in der Lausitz brachte einen hohen Bedarf an neuen Großgeräten hervor. Die Eimerkettenbagger, die in diesem Tagebau – unter anderem im Verbund mit der Förderbrücke F 60 – eingesetzt wurden, kamen aus dem Werk in Magdeburg-Buckau. Eimerkettenbagger aus Magdeburg waren außerdem in den Lausitzer Tagebauen Jänschwalde und Nochten in Betrieb – und sind es verschiedentlich noch heute.

Maßgeblicher Ingenieur des Magdeburger Werks war Johannes Goedecke (1898–1989), der bereits seit 1928 Großbagger entwickelt hatte. Nach 1945 projektierte er unter anderem den Eimerkettenbagger ERs 710, der in Serie gebaut und bis Ende 1953 als Reparationsleistung in die Sowjetunion geliefert wurde. 1954 wurde das Werk von einer sowjetischen Aktiengesellschaft (SAG) in einen Volkseigenen Betrieb (VEB) umgewandelt. Bis zum Ende der DDR wurden über 100 Bagger des Typs ERs 700 gebaut. Sie kamen außer in der DDR vor allem in der Sowjetunion und in Rumänien zum Einsatz.

Typ/Hersteller:	TAKRAF ERs 710
Masse:	990–1250 t
Förderleistung:	1400–1900 m^3/h
Anzahl Eimer:	38–40
Volumen Eimer:	710 l
Antriebsleistung der Eimerkette:	400 kW
Geschwindigkeit der Eimerkette:	1,1 m/s
minimaler Kurvenradius:	60 m
Schnitthöhe:	17,5 m
Schnitttiefe:	16,0 m
Geschwindigkeit:	4–6 m/min
Anschluss-spannung:	6 kV

Eimerkettenbagger ERs 710 von TAKRAF im russischen Woskressensk

Eimerkettenbagger Es 1120.2 im Freilichtmuseum Ferropolis bei Gräfenhainichen

TAKRAF IN MAGDEBURG

Nach dem Zweiten Weltkrieg war das Magdeburger Grusonwerk, das zur Buckau R. Wolf AG gehört hatte, zunächst von der sowjetischen Besatzungsmacht beschlagnahmt und in eine Sowjetische Aktiengesellschaft (SAG) umgewandelt worden. 1954 wurde der Betrieb ins Staatseigentum der DDR überführt und hieß seit 1956 „VEB Schwermaschinenbau Georgi Dimitroff" (GDW). Hier entstanden überwiegend Eimerkettenbagger und andere Förderanlagen, aber auch Druckgasgeneratoren, Autodrehkrane und Einrichtungen für Zementfabriken. Seit 1968 wurde der Bau von Tagebaugeräten zurückgefahren. Mitte der 1970er-Jahre wuchs der Bedarf an diesen Geräten wieder an. 1979 wurde das Georgi-Dimitroff-Werk dem neu gebildeten Kombinat TAKRAF unterstellt.

Eimerkette bei der Arbeit im Tagebau Cottbus-Nord

EIMERKETTEN AUF SCHIENEN

Das Fehlen des Buchstabens R in der Typbezeichnung zeigt, dass der Eimerkettenbagger Es 1120.2 nicht auf einem Raupenfahrwerk, sondern auf Schienen lief. Mehr noch: Nicht nur der Bagger selbst lief auf Gleisen; er war breit genug, dass unter ihm zwei Gleise verlegt werden konnten. Auf diese Weise konnten über die beiden Schüttschächte zwei Züge gleichzeitig von ihm beladen werden.

Im Tagebau Schlabendorf-Nord – in Südbrandenburg, in der Nähe von Luckau – waren in den 1960er-Jahren sechs Bagger des gleichen Typs beschäftigt. Der Tagebau lieferte seit 1961 Braunkohle für die Kraftwerke Lübbenau und Vetschau. Die beiden Großkraftwerke mit den zugehörigen Gruben waren Teil des „Kohle- und Energieprogramms", das die DDR-Regierung 1957 beschlossen hatte. Im Tagebau Schlabendorf-Nord wurden zwei Abraumförderbrücken Typ F 34 errichtet; der Bagger 651 arbeitete mit seinem Gefährten, dem baugleichen Bagger 650, an der zweiten, 1962 betriebsbereiten Förderbrücke. Die beiden Eimerkettenbagger trugen im Hochschnitt und im Tiefschnitt das an dieser Stelle bis zu 30 Meter mächtige Deckgebirge über dem Braunkohleflöz ab. Anfangs wurde der Abraum auf eine Außenhalde verkippt. Seit 1965 konnte man ihn im bereits ausgekohlten Teil der Grube absetzen. 1970 gab es für Bagger 651 in Schlabendorf nichts mehr zu tun. Er wurde in den Tagebau Golpa-Nord verlegt, der zum Braunkohlekombinat Bitterfeld gehörte.

Nach dem Ende der Braunkohleförderung und mit Beginn der Rekultivierung wurde der Veranstaltungsort „Ferropolis" angelegt. Er liegt auf einer Halbinsel im Gremminer See. Dort sind fünf Großgeräte aus der Tagebauzeit aufgestellt, die eine bizarre Kulisse für Rockkonzerte und Videoproduktionen bilden.

Typ/Hersteller:	TAKRAF VEB Förderanlagen Köthen Es 1120.2
Masse:	1250 t
Förderleistung:	1920 m³/h
Anzahl Eimer:	40
Volumen Eimer:	1120 l
Höhe:	27,60 m
Breite:	79,20 m
Besatzung:	3–5

Eimerkettenbagger Es 1120.2 arbeiten paarweise an der Förderbrücke im Tagebau Cottbus-Nord.

FÖRDERBRÜCKE F 60

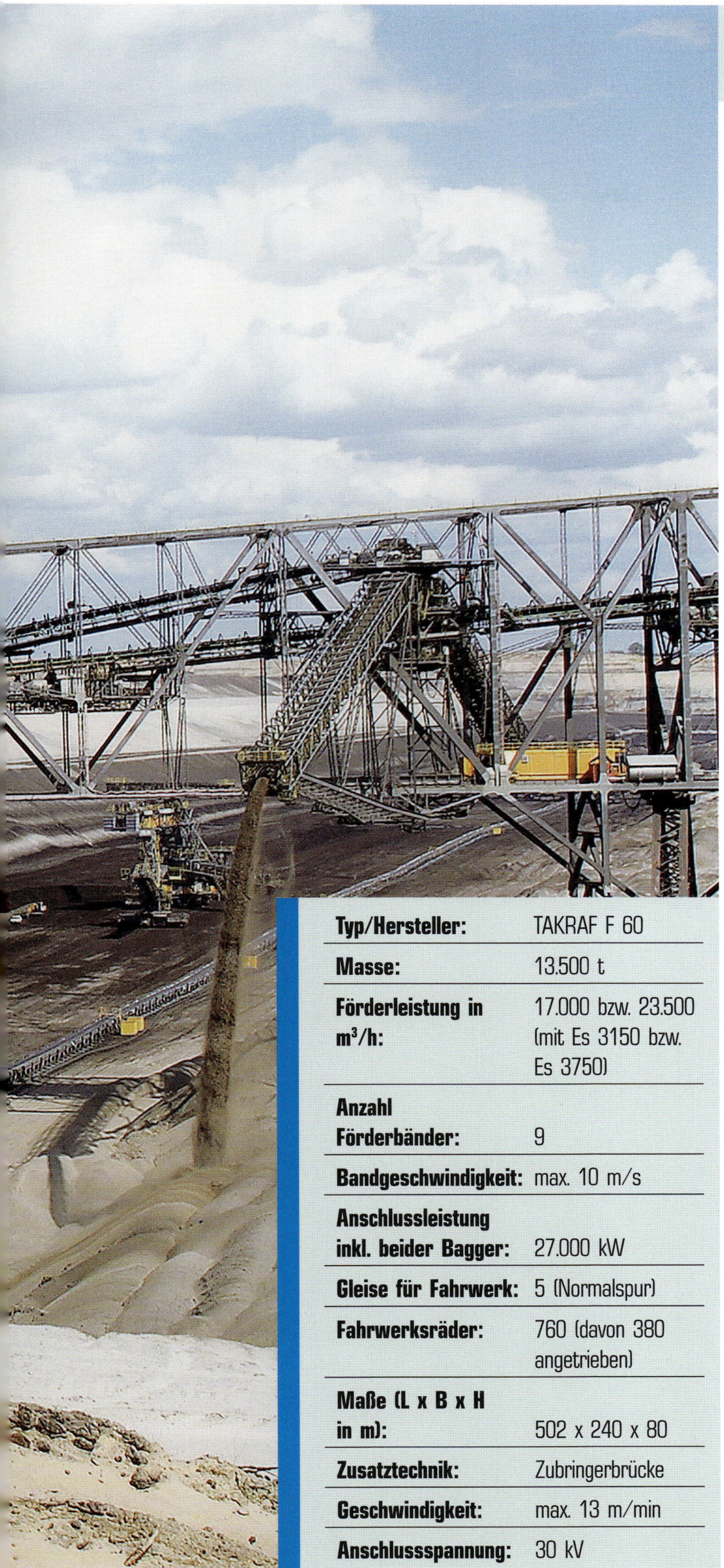

Typ/Hersteller:	TAKRAF F 60
Masse:	13.500 t
Förderleistung in m³/h:	17.000 bzw. 23.500 (mit Es 3150 bzw. Es 3750)
Anzahl Förderbänder:	9
Bandgeschwindigkeit:	max. 10 m/s
Anschlussleistung inkl. beider Bagger:	27.000 kW
Gleise für Fahrwerk:	5 (Normalspur)
Fahrwerksräder:	760 (davon 380 angetrieben)
Maße (L x B x H in m):	502 x 240 x 80
Zusatztechnik:	Zubringerbrücke
Geschwindigkeit:	max. 13 m/min
Anschlussspannung:	30 kV

Die Förderbrücke F 60 ist das weltweit einzige Großgerät dieser Dimension, das in Serie gebaut wurde. Fünf dieser Brücken wurden vom TAKRAF-Kombinat im Werk Lauchhammer hergestellt; sie sind die größten beweglichen technischen Arbeitsmaschinen der Welt. Die F 60 wird gern als „liegender Eiffelturm“ bezeichnet. In der Tat ist sehr viel Stahl verbaut und mit einer Länge von 502 Metern übertrifft sie die Höhe des Eiffelturms um 178 Meter.

Die F 60 arbeitet mit zwei Eimerkettenbaggern zusammen (zurzeit Es 3150 oder Es 3750). Ihre Aufgabe ist das Abtragen der immer mächtiger werdenden Deckgebirge über den Flözen. Die Zahl 60 bezeichnet die maximale Abtragsmächtigkeit (60 Meter). Bei drei der Förderbrücken baute man Zubringerbrücken an; so konnte man die Abtragshöhe und die Fördermenge steigern, indem ein dritter Bagger an der Zubringerbrücke arbeitete. Im Tagebau Welzow-Süd liegt das Deckgebirge 90 bis 130 Meter über dem Flöz.

Vier der fünf Förderbrücken sind noch immer (oder wieder) in Betrieb: in Welzow-Süd (seit 2011) wieder ohne Zubringer), in Nochten (mit Zubringer), in Jänschwalde (seit 1985 mit Zubringer) und in Reichwalde (nach Betriebsunterbrechung ab 1999) seit 2010 wieder in Betrieb. Die fünfte uind zuletzt fertiggestellte F 60 arbeitete in Klettwitz-Nord 1991/92 nur 16 Monate. 2000 wurde sie aus der Grube herausgefahren. Seit 2002 ist sie in Lichterfeld als Besucherbergwerk aufgestellt und bildet einen festen Posten im Touristikkonzept des Landes Brandenburg.

Fünf Exemplare der Abraumförderbrücke F 60 baute das Lauchhammerwerk im TAKRAF-Kombinat bis 1991.

Tagebau Jänschwalde: F 60 über der Grube. Das Flöz wird freigelegt.

DER GIGANT AN DER NEISSE – BAGGER 1452

Der Unterwagen des Baggers 1452 mit sechs Raupenschiffen konnte sich mit 6 m/min vorwärtsbewegen. (Bild oben)

Blick aus dem Führerstand des Baggers 1452

Das Lauchhammerwerk in der Niederlausitz war über Jahrzehnte ein führender Hersteller von Tagebaugroßgeräten. Auch wenn jede der Maschinen im Grunde ein Einzelstück war, hatte sich doch bei der Produktion eine gewisse Typsystematik herausgebildet, die auch in den Bezeichnungen der Maschinen zum Ausdruck kam. So steht SRs für „Schaufelradbagger, Raupenfahrwerk, schwenkbar“, die Zahl 1200 steht für das Nennvolumen der Baggerschaufel (in Litern), die 1452 schließlich ist die Baunummer, mit der die Maschine 1961 das Lauchhammerwerk verließ.

Wie die meisten Tagebaugroßgeräte wurde auch der Bagger 1452 elektrisch angetrieben. Zu diesem Zweck wurde über eine 6-Kilovolt-Leitung vom nahe gelegenen Kraftwerk Hagenwerder die Energie für die installierten 1650 kW Leistung eingespeist. Auf den sechs Raupenschiffen seines Fahrwerks konnte sich der Bagger mit maximal 6 m/min bewegen, auch die Schwenkgeschwindigkeit betrug 6 m/min.

1961 war der Bagger 1452 zunächst im Tagebau Phönix in der Nähe von Leipzig eingesetzt worden. Nach der Auskohlung der Grube wurde er an die Neiße umgesetzt und arbeitete seit 1971 im Tagebau Berzdorf. Dort diente die Maschine bis 1997 der Kohleförderung. Bis 2002 arbeitete der Bagger noch bei der Rekultivierung der Grube mit, die heute als „Berzdorfer See“ ein beliebtes Naherholungsgebiet ist. Anschließend wurde er vom Verein bergbaulicher Zeitzeugen Berzdorf-Oberlausitz an seinen jetzigen Standort verbracht. Er ist jetzt als technisches Denkmal zugänglich.

Typ/Hersteller:	SRs 1200 TAKRAF Lauchhammerwerk
Baujahr:	1961
Gesamtmasse:	1940 t
Höhe:	33,5 m
Durchmesser des Schaufelrads:	8,6 m
Volumen der Schaufel:	1200 l
Schnitthöhe:	24 m

Frontalansicht des Baggers 1452, der am Berzdorfer See bei Hagenwerder – nahe Görlitz – als technisches Denkmal besichtigt werden kann

Ohne die großen Maschinen wäre manches nicht möglich. Im Jahr 2009 baute man mithilfe von zwei Liebherr Obendreherkränen vom Typ 550 EC-H 40 und Typ 280 EC-H 12 das Bühnenbild zur Oper „Aida" bei den Bregenzer Festspielen auf der Seebühne im Bodensee auf.

REGISTER DER MASCHINEN

AEG Demag Absetzer 755 166 f.
AEG Demag Absetzer 756 168 f.
AEG Demag Bandschleifenwagen 946 169

Ballast Nedam Svanen 42 ff.
BelAZ 75710 102 ff.
BelAZ 78221 14 f.
Bucyrus 1850 B „Big Brutus" 170 f.
Bucyrus 495 172 f.

Caterpillar CAT 5130 16 f.
Caterpillar CAT 5230 17
Caterpillar CAT 740 26 f., 106 f.
Caterpillar CAT 775 19, 22
Caterpillar CAT 777 108 f.
Caterpillar CAT 785 110 f.
Caterpillar CAT 793 112 f.
Caterpillar CAT 793 25
Caterpillar CAT 797 114 f.
Caterpillar CAT 988 18 f.
Caterpillar CAT 990 18 ff.
Caterpillar CAT 991 22 f.
Caterpillar CAT 992 23 f.
Caterpillar CAT 994 23 ff.
Cummins 15, 33, 34 f., 117, 141

Demag Terex CC 2800 46 f.
Detroit Diesel 119

E-Crane Blockbuster 54 ff.
Euclid R130 116 f.
Euclid R170 116 f.

Goldhofer PSTZ/SL 130 ff.
Grove GMK 6300L 58 f.
Grove GMK 7550 60 ff.
Grove GTK 1100 66 f.

Heerema Hermod 68 f.
Heerema Thialf 70 ff.
Herrenknecht S-210 & S-211 156 f.
Herrenknecht S-229 & S-230 157
Herrenknecht S-434 154 f.
Herrenknecht S-560 & S-561 152 f., 158 f.
Hitachi EH 4500 118 f.
Hitachi EH 5000 118 f.
Hitachi EX 1200 26 f.
Hitachi EX 5500 174 f.
Hitachi EX 8000 174 f.
Hitachi Zosen TBM „Bertha" 134 f., 160 ff.
Hitachi ZX 870 28 f.

Kaisho 48 ff.
Kalmar Automatic Stackihng Crane (ASC 41) 74 ff.
Kalmar CSC 340 78 f.
Kalmar SHC 250 78 f.
Kamag 2802 136 f.
Kamag Achslinie K 24 138 f.
Komatsu 930 E 120 ff.
Komatsu HD785 30, 120 f.
Komatsu WA1200 32 f.
Komatsu WA800 30 f.
Komatsu WA900 30 f.
Krupp Bagger 288 164 f., 176 f.
Krøll K 10000 80 f.

LeTourneau L-1850 34, 36 f.
LeTourneau L-2350 34 f.
Liebherr LR 13000 82 ff.
Liebherr T 264 100 f., 126 f.
Liebherr T282 126
Liebherr T284 126
Lowboy, siehe: Caterpillar CAT 785

Mack (Road Train) 140 f.
Marion Crawler Transporter 142 ff.
Mercedes Benz 63, 148
Musashi 48 ff.

NASA 139, 143, 144 f.

P&H 34 f.

Saipem 7000 40 f., 86 f.
Sandvik PE 200 178 f.
Sanvik PB 100 178 f.
Saturn V 145
Scheuerle Otto & Lore 148 f.
Scheuerle Rotorblatt-Adapter 150 f.
Scheuerle SPMT 146 f.
Seaway Heavy Lifting Oleg Strashnov 88 ff.
Sennebogen 6180 38 f.
Sennebogen 6200 HCC 96 f.
Sennebogen 680 39
Siemens 105, 193
Swire Blue Ocean Pacific Osprey 92 ff.

TAKRAF ERs 400 180
TAKRAF ERs 710 181
TAKRAF Es 1120.2 182 f.
TAKRAF F 60 (Förderbrücke) 184 ff.
TAKRAF SRs 1200 (Bagger 1452) 188 f.
Terex 33-19 Titan 128 f.
Terex CC 2800, siehe: Demag Terex CC 2800
Terex CC 8800-1 Twin 98 f.
Terex CC 9800 98 f.
Titan (Kranschiff) 57
Tokyo Gate Bridge 48 ff.

Van Oord Blockbuster 57
Van Oord HLV Svanen, siehe: Ballast Nedam Svanen

Yoshida 48 ff.

SACHWORTREGISTER

Absetzer 166, 168, 169
Achsen 58, 63, 105, 129, 135, 139, 147, 148, 149, 157,
Allradantrieb 15, 59,
Allradlenkung 63
Anlagenbau 160
Antrieb 8, 11, 15, 33, 35, 43, 79, 87, 105, 108, 113, 114, 117, 119, 121, 123, 126, 129, 132, 133, 137, 139, 141, 146, 147, 148, 149, 155, 157, 159, 161, 163, 173, 177
Ausleger 8, 9, 28, 33, 46, 47, 49, 57, 58, 59, 61, 63, 67, 73, 81, 82, 83, 89, 97, 99, 168, 171, 172, 173, 176, 178, 179
Autodrehkran 181, 182

Bagger 8, 9, 10, 16, 26, 28, 30, 35, 38, 39, 57, 96, 114, 125, 126, 143, 144, 165, 168, 169, 171, 172, 173, 174, 175, 176, 177, 178, 179, 180, 181, 182, 183, 185, 188, 189
Bandförderer 178, 179
Bandschleifenwagen 168, 169
Bergbau 4, 8, 9, 14, 16, 26, 28, 34, 35, 100, 103, 108, 117, 120, 125, 126, 135, 143, 165, 166, 167, 168, 169, 170, 171, 172, 173, 174, 175, 176, 177, 178, 179, 180, 181, 189
Blockbuster 54, 56, 57
Bohrkopf 135, 152, 156, 157, 161, 162, 163
Brückenbau 72, 147,

Containerbrücke 79, 89,
Crawler Transporter 142, 142, 145, 177

Dampfkraft 8

Eimerketten 9, 165, 180, 181, 182, 183, 185
Elektronik, Elektrik 19,117,
Errichterschiff 84, 88, 89, 90, 92, 93, 95

Flugzeugschlepper 14, 103, 132
Förderbrücke 165, 181, 183, 185

Gittermastbauweise 80
Hafenverkehr 79
Hebezeuge 41

SACHWORTREGISTER (Fortsetzung)

Hub/Hubhöhe 19, 52, 59, 67, 69, 73, 84, 89, 97, 99
Hybridantrieb 79
Hydraulik 18, 28, 30, 105, 126

Kabine/Fahrerhaus 19, 23, 25, 26, 28, 59, 78, 117, 120, 125
Kette 8, 9, 16, 39, 47, 84, 97, 107, 170
Kettenschiff 9, 47, 84, 97, 173, 175
Kran, Kräne 8, 10, 11, 38, 41, 42, 46, 47, 49, 52, 54, 57, 58, 59, 61, 62, 63, 66, 67, 68, 69, 71, 72, 73, 74, 75, 79, 80, 81, 82, 83, 84, 86, 87, 88, 89, 92, 93, 96, 97, 98, 99, 160, 181, 182

Mobilkran 6, 38, 46, 47, 59, 61, 63, 97
Modultransporter 136, 138, 139
Muldenkipper 6, 10, 11, 15, 16, 19, 23, 24, 25, 30, 33, 35, 103, 104, 108, 111, 113, 114, 115, 116, 117, 118, 120, 121, 125, 126, 129, 175

Offshore-Anlagen 42, 44, 68, 72, 86, 88, 89, 92

Pipelines 86, 87
Portalhubwagen 74, 75, 78

Radlader 103, 125, 126, 178, 14, 15, 18, 19, 21, 23, 24, 25, 30, 32, 33, 34, 35
Radstand 21, 31, 33, 35, 78, 79,105, 111,
Raupe, Raupenfahrzeug 47, 57, 62, 80, 82, 87, 97, 98, 107, 144, 173, 177, 179, 180, 183, 188
Raupensäulenschwenkbagger 180
Rekord 35, 73, 82, 102, 103, 104, 105, 132, 141, 151, 157
Rotorblatt-Adapter 150, 151
Rückfahrkamera 59

Sattelauflieger 67, 97, 132
Schaufelbagger 8

Schaufelrad, Schaufelradbagger 165, 168, 169, 176, 177, 178, 179, 189
Schlackenpfanne 137
Schreitbagger 9, 10
Schwertransporte 68, 84, 88, 132, 133, 135, 136, 139, 146, 147,
Schwimmkran 8, 11, 42, 49, 52, 53, 68, 69, 71, 72, 73, 84, 86, 87
Seilbagger 8, 9, 10, 35, 38, 96, 143,172, 177
Spurweite 16, 47
Stapelkran 74, 75,
Steuerung 26, 47, 108, 166

Tagebau 8, 9, 11, 15, 35, 51, 57, 105, 106, 108, 115, 141, 168, 169, 171,172,177, 178, 179, 180, 181, 182, 183, 185, 186, 189

Tieflader 46, 109, 111, 146, 147
Tunnelbau 135, 153-163

Umwelt 73, 78, 173,

Windkraft 47, 67, 84, 88, 93, 99, 151

BILDNACHWEIS

Alex 108-109 rechts
AntiquaNova 188, 189
Martin Büdenbender pixelio.de 24, 108 unten
Ballast Nedam: Edwin van de Brug 42-43.,
BelAZ Presse 102-103, 104 unten, 105
Caterpillar Presse 18-19, 25, 106-107, 113 oben, 114 unten, 114-115 unten
H. Chiros pixelio.de 168 oben
Codelco 8-9, 12-13, 35, 114-115 oben, 124 (2), 125, 172 unten
Crane Service Inc. 60-61, 64-65,
European Southern Telescope 148 links, 148-149
Festspiele Bregenz 190
Goldhofer Presse 130-131, 132-133
Herrenknecht Presse 156-157, 158-159
Hitachi Presse 118 unten, 119, 174 unten, 175
Josupewo pixelio.de 168 unten
Kalmar Presse 74 (2), 75, 78 unten, 79
Kamag Presse 136, 137 (2), 138 unten, 138-139
Komatsu Presse 30-31, 32-33, 120, 121
Liebherr Presse 84, 100-101, 126 Mitte, 127
Manitowoc Presse 63
Metropoluitan NY 154 unten
Männe pixelio.de 180 oben
NASA 139, 144-145 (2), 145
Ophof 54-55, 70-71
Pressebox.de 67
RWE Presse 164-165, 176 oben
Sandvik Presse 178 f., 179
Scheuerle Presse 146-147, 150 (2), 151
Dieter Schütz pixelio.de 98
Scientific American 1971, 9
Sennebogen Presse 38, 96, 97
Jochen Sievert pixelio.de 184-185
Shell Presse 172 oben, 173
Siemens Presse 104 oben
sonnenflut products Fotolia 4-5
Syncrude Canada 81
Carsten Theveßen 82-83 (2), 85
Van Oord Presse 45, 57
Vattenfall Presse Mogens Holmgaard 92 unten; Paul Langrock 88 (2), 90-91., 92 oben, 93, 94-95.
Volvo CE Presse 116 (2), 117
Washington State Department of Transportation 26-27, 134, 135, 160–163

Creative commons:
Atomic Taco 152 f., 159
Avda 11,
Alf van Beem 68 (2)
Frans Berkelaar 44,
Bertknot 56 unten, 72 oben
BKrois 18,
cargotech 76-77.
Russell Charters 140 unten
Codelco 1, 8 f., 12-13, 35, 114-115 oben
Dave77459 170 (2)
Louis-Jean Montier Deslongchamps 7
Jonathan Dresner 171
Stefan Eldeby 46 (2), 58 oben, 59
esce86 99
flyTime 80-81 (alle)
giantexcavator 17,
A. Gutwein 182 unten, 183
Gamera866 122-123
James Heilman 128-129 unten
Günter Hentschel 186-187
Tony Hisgett 128 oben
Tom Jervis 43
Kabak 154 oben 155
Kakidei 53 unten
Jörg Kutzera 169
Lidingo 2
Roy Luck 110 -111, 126 oben
LutzBruno 47
Kelly Michals 10, 22-23, 34, 36-37, 111, 112-113 alle, 118 unten, 174 oben
Philip Morton 140 oben, 141
Martina Nolte 66,
Normaali.net 56 oben,
Ken Ohyama 40, 50-51, 52
Pixelchecker 180 unten
Port of Tacoma 78 oben
Prevot 28 f. (3), 58 unten,
Rjcastillo 14-15,
Martin Roell 176 unten
RyanP77 16,
Phil Sangwell 6
Schumi4ever 40-41, 86
Terje Solbakk 87
Raimond Spekking 166-167, 177
Kees Torn 69, 72 unten, 73, 89
Vasters 142-143
Frank Vincentz 20-21,
Walter 62,
ykanazawa1999 48, 49, 52, 53 oben
Steffen Zahn 182 oben
Oleg Zdorik 181